美丽传说

BEAUTIFUL
STORY

FAMERS OF SHANGHAI CHEONGSAM CULTURE HALL OF FAME

美丽传说

海派旗袍文化名人堂首批入选名人纪实

上海海派旗袍文化促进会 编

上海人民出版社

目录

褚宏生：百岁上海裁缝，一生只做一件事 …………… 87

缘起

  中华服饰不仅是物质文明的结晶，同时也是精神文明的产物，是人类精神和文化生活的映照，服饰是中华礼乐文明的一个重要组成部分。海派旗袍的诞生是对中国传统服饰的成功革新，曾经引领全国时尚女装的新潮流，是海派文化的精髓展现。

  "6·6海派旗袍文化推广日"到2017年已经坚持了5年，2013年由上海市妇联指导、巾帼园（海派旗袍促进会副会长单位）主办。促进会成立后把这个项目延续坚持至今，每年这个活动成为上海海派旗袍文化互动的重要组成部分。在2015年上海音乐厅举行的"6·6海派旗袍文化推广日"主题晚会上，由市人大常委会副主任钟燕群，原市委常委、副市长、现上海市现代服务业联合会会长周禹鹏，原市委常委戴长友，原人大常委会副主任、现上海市儿童基金会理事长杨定华，市妇联主席徐枫等领导出席。晚会上，进行了赴米兰宣誓仪式和"向旗袍名人致敬"仪式和海派旗袍文化展示文艺晚会。会上首播了促进会邀请专业团队制作的《海派旗袍制作技艺》1分钟宣传片，并且在米兰世博会上海文化周首日全天滚动播放。

  2015年6月10日，作为2015年上海海派旗袍文化促进会组织的500多位海内外优秀女性赴意大利参与"海派旗袍文化米兰世博行"系列展示活动中的重头项目，在佛罗伦萨举行了由中企馆执委会、上海市经信委、促进会主办，由非物质文化遗产保护中心等支持的 "建设时尚之都，促进文化交流——当西服遇见旗袍"论坛，并设分论坛，主题分别为时尚与设计、文化与艺术、环境与人文。同时，上海海派旗袍文化促进会在论坛上进行了"海派旗袍文化名人堂"的揭牌仪式。

近年来一系列海派旗袍文化推广活动相继展开：2009年海派旗袍制作技艺被列入上海市非物质文化遗产名录；2010年上海世博会上，海派旗袍首次以整体形式亮相世界舞台；2013年以来连续4年的"6·6海派旗袍文化推广日"活动等。作为"活态非物质文化遗产"传承的海派旗袍文化蓬勃发展，已经在海内外产生了积极的深远影响。为了弘扬中华服饰文化，进一步健全旗袍高级定制企业行为规范，满足客户"量体裁衣、精工细作"的需求，提供优质服务，促进上海旗袍定制企业可持续发展。2010年上海相关方面开始进行第一届旗袍高级定制评审与评价工作，充分发挥专家作用，广泛听取企业与专业工作者的意见，汇聚各方力量，从7个方面制定了评审标准和准则规范，完成了首次旗袍高级定制的评审工作，以龙凤旗袍为代表的5家企业光荣入选。两年后，又完成了旗袍第二届高级定制评定评审与评价工作。

2016年12月23日在思南公馆81号"海派旗袍文化思南之家"举行了《海派旗袍文化名人堂》首批名人颁证仪式。作为首批海派旗袍文化名人入选名人堂的3位都是德高望重的长者（按姓氏笔画为序）：海派文化名人、一辈子钟情旗袍服饰并在海内外为之传播具有深远影响的111岁的严幼韵女士；百年时装公司"鸿翔"第二代传人、海派旗袍制作技艺传承人、86岁的金泰钧先生；被誉为"百年海派旗袍传奇人物"的上海裁缝、98岁的褚宏生老先生。海派旗袍文化名人堂评审委员会主任、上海海派旗袍文化促进会会长张丽丽，评委、市人大常委内司委副主任委员陈东，评委、上海市非物质文化遗产协会会长高春明为3位长者颁发了证书。上海海派旗袍文化促进会副会长周朱光、董剑珍、马丽华、王秀红、陈黎、樊雪莲、严琦、江妙敏、张丽萍等9位副会长、3个工作委员会主任委员和永业集团董事长钱军、思南公馆总经理李海宇等出席了颁证仪式。

"海派旗袍文化名人"及"海派旗袍文化名人堂"的设立，旨在对百年来为海派旗袍文化的形成、发展作出突出贡献的文化人、媒体人、艺术家、制作技艺传承人和社会热心人士予以表彰,集聚了社会相关方面专业力量,建立"海派旗袍文化名人堂评审委员会"并制定"海派旗袍文化名人"及"海派旗袍文化名人堂"管理办法,彰显海派旗袍文化之精髓。

附: 评审委员会组成:

名誉主任:

周禹鹏　上海市现代服务业联合会会长

于秀芬　上海市文化广播影视管理局局长

主任:

张丽丽　上海市人大常委会常务委员、华侨民族宗教事务委员会主任、
　　　　上海海派旗袍文化促进会会长

副主任:

翁文磊　上海市妇联副主席

委员:

陈　东　上海市人大内司委副主任委员

尤　存　上海市文联党组书记

宋　慧　上海市文明办副主任

唐晓芬　上海市质量协会会长

江小青　上海市人大常委会常委、
　　　　上海市新闻工作者协会女记者工作委员会主任

朱　勇　上海纺织集团总裁、上海市服装协会会长

刘春红　中国纺织大学副校长、上海服饰学会会长

葛文耀　上海国际时尚联合会会长

萧烨璎　上海市群众艺术馆馆长,上海市非物质文化遗产保护中心主任

高春明　上海市非物质文化遗产协会会长

2015年"6·6日海派旗袍文化推广日"主题晚会上"向海派旗袍文化名人致敬"仪式,图为金泰钧(左四)、储宏生(左二)、徐永良(右四)和李霞芳(右二)

徐枫主席和佛罗伦萨常务副市长克里斯蒂娜为"海派旗袍文化名人堂"揭牌

张丽丽会长向克里斯蒂娜副市长赠送书法作品

上海市人大代表、人事工委张金康副主任向意大利奢侈品专家莫塔赠送书法作品

名人堂首批名人入堂仪式

颁证仪式中首批海派旗袍文化名人金泰钧和张丽丽会长合影

名人堂首批名人入堂仪式在"海派旗袍思南之家"举行

共同见证合影

严幼韵：『每天都是好日子』

严幼韵（1905—2017）是复旦大学的第一届女学生，上海总商会第一任会长严筱舫的孙女，上海滩有名的美女。

1929 年和外交官杨光泩结婚后随丈夫赴欧洲任职，1938 年杨光泩出任中国驻菲律宾马尼拉总领事。在第二次世界大战期间，杨光泩与 7 名中国外交官惨遭日军杀害。期间严幼韵带领其他遇难官员的遗孀和子女数十人，战胜重重困难，顽强自救，一直坚持到和平到来。1945 年严幼韵携 3 个女儿到美国，不久进入联合国工作，成为联合国首批礼宾官。1959 年她与著名外交家顾维钧结婚。

"我长寿的秘诀: 不锻炼、不吃补药、最爱吃肥肉、不纠结往事、永远朝前看。"

楔子

105岁出版自传之际，严幼韵写下这样一段话："当人们问我'今天您好吗？'的时候，我总是回答'每天都是好日子'。"

这位上海总商会第一任会长严筱舫的孙女、复旦大学的第一届女学生、著名外交家顾维钧的妻子、美国通用汽车公司历史上唯一的华人副总裁杨雪兰的母亲，有着丰富多彩的一生。

在晚年，严幼韵的生活除了整理自传，就是和好友打麻将。每次打麻将，都是下午3点左右，打到晚上11点左右。而每一次参加麻将活动，即便在自己家里，严幼韵也要穿着极为考究的旗袍。

这种对旗袍的钟爱，也体现在严幼韵著名的生日宴会上。

自从90岁生日之后，严幼韵的家人每年都为她举办隆重的生日派对，随着她年纪越来越大，生日派对的规模也越来越盛大。最后几年，严幼韵的生日宴会有200多人参加。包括亲戚、朋友和他们越来越庞大的后代队伍。他们中有人从美国西海岸赶来，还有人特意从中国或者欧洲赶来。渐渐地，她的生日活动，成了美国纽约上层华人社交圈的一件盛事。

在这样令人瞩目的生日派对上，严幼韵也总是穿一袭华美的旗袍亮相，搭配高跟鞋、珠宝和得体的妆容，款步而来，熠熠发光。

在1979年，当严幼韵的外甥女、严莲韵的女儿徐景灿第一次从上海去美国看望姨妈时，严幼韵的第一句话也是："嗨，你怎么不穿旗袍？"

旗袍——端庄大方的旗袍、称纤合度的旗袍、代表故乡情结的旗袍、优雅又不失妩媚的旗袍，是严幼韵一生最爱的服饰，也是她出席各大重要场合的必备礼服，更是她抗击命运、迎接挑战、征服自我、见证并直接参与中国近现代历史的"战袍"。

严幼韵祖父严信厚

白手起家的祖父

"每天都是好日子"这句话，后来成为了严幼韵的座右铭。

如果仅仅看她的青少年时代，她的确每天都过着好日子。1905年9月27日，严幼韵在天津出生。不久之后，全家迁往上海，她在上海读幼稚园。6岁时，父母带着严幼韵又回到天津上学，直到1925年她从天津中西女中毕业后，到上海沪江大学注册，成为沪江大学最早一批录取的女大学生。

严幼韵在上海的时候，住在位于静安寺（今中福会少年宫对面）的宏伟住宅中。花园院墙绵延静安寺一带的半个街区和地丰路（今南京西路乌鲁木齐北路）的整个街区。其中大房子有3层楼高，每个楼层都有20多间房间。家里有能容纳6辆汽车的车库和马厩。连严幼韵自己也说，后来已经没有再住过那么宏大的房屋了。除了印度籍的门房和中国籍的保安、司机和清洁工之外，家里的每个孩子都有自己的奶妈，成年人都有自己的女仆，每个小家庭都有自己的厨师。严幼韵在回忆录里说，那个时候，家里每天都有裁缝上门，自己每天都有新衣服穿。很多曾经在当时与严幼韵有过一面之缘的人，说起这个富家小姐，也总是会说她：每天穿一身新旗袍。

这份令人咋舌的家族财富，始于严幼韵的祖父严信厚，一个白手起家的浙江小伙。

严信厚，字筱舫，1839年出生于浙江慈溪。他早年在浙江宁波一家钱庄当学徒，17岁时候前往上海供职于一家银楼。19世纪70年代后期，严筱舫经人引荐成为直隶总督李鸿章的幕僚，并很快得到重用，担任政府要职。1885年，他被委派管理政府垄断的长芦盐业，并被任命为海关税务司。因为公务，他奔走于北京、上海、广东、福建和浙江宁波之间，在各地均有房产。但最终他决定定居上海，因为这个大都市有着进行对外贸易的得天独厚的条件。

1896年，严筱舫在宁波创办了通久源纺织局，1905年在上海创办了同利机器麻袋公司。他还在两地开设了数家纺织厂、面粉厂和榨油厂，是将现代机器引入中国工厂的第一人。为了方便资金在省际流通，严筱舫创办了连锁钱庄源丰润票号，并且得到盛宣怀大力相助，成为当时中国第一家银行——中国通商银行首任总董。除此之外，他还拥有一家药厂、一家保险公司，一家位于上海南京路的高档绸缎庄老九章和一家陶瓷厂。他还在天津开设了物华楼金店，经营各类金银珠宝饰品。他还赞助过唐沽铁路、宁波铁路的建设，并广泛参与各项慈善公益事业。

1901年，严筱舫有感于华商缺乏组织，在上海成立了上海商业会议公所，并被委任为首任主席，任期3年。后这一组织改组为上海商务总会，他又担任了第一任会长。1907年去世前不久，严筱舫得到觐见皇帝的机会，被授予候补道。去世后，得到慈禧太后与光绪皇帝下旨表彰功绩的待遇，并获准立碑纪念。（以上材料均源自《一百零九个春天》和《严信厚先生年谱》）

1872年2月19日，严幼韵的父亲、严筱舫的独子严子均诞生。在父亲的庇护下，他一直是一个白净富态的公子哥儿。但在父亲去世之后，他面临继承庞大家业的压力。清政府即将覆灭，整个中国社会动荡不已，连锁钱庄倒闭，严筱舫的几个手下又乘机贪污腐败。严子均花费好几年才整顿好混乱的财务状况。年幼的严幼韵记得，父亲为了保住家族财富，整个人也清瘦下来。

在严筱舫留下的财产的基础上，严子均进一步拓展产业，成功地让严家保持了富甲一方的生活水准。在严幼韵的印象里，父亲多才多艺，会篆刻、会说好几种地方方言，仅会一点英语，就能龙飞凤舞地写英语书法。而母亲则是一位慷慨的富家太太，喜欢金鱼时，就买几个大石缸的金鱼，喜欢菊花时，就买来放满半个庭院的菊花。因为母亲喜欢珠宝，家里时常有买卖珠宝的掮客上门，他们将大玉石切开，为全家老小做首饰。

父亲处变不惊，能转危为安的能力，以及母亲慷慨大方，善于享受生活中美好事物的能力，后来都能在严幼韵的性格中找到痕迹。而这些性格特征，也帮助严幼韵一次次化险为夷，渡过1个多世纪的风风雨雨。

即便是女孩，也要接受现代教育

其实，旗袍除了是一件衣服，也是一幅画框。镜框再美丽，也需要有内容的气质来撑起。如果说严幼韵只是一般意义上的富家小姐，那么她的故事不会在之后的一个世纪里，那么令人梦牵魂萦。除了家族财富本身，另一项令严幼韵姐妹获益匪浅的要素是教育。

虽然出生在保守的封建家庭，但严子均夫妻对于子女的教育问题，持有十分开明的态度，并坚持不论男孩女孩都要受现代教育。严幼韵的二哥和大弟先后被派去英国学习纺织技术，严幼韵的姐姐彩韵、莲韵都在教会学校天津中西女校读书，后来又从教会学校南京金陵女子大学毕业。

其中，爱好学习的严彩韵从南京金陵子女大学毕业后赴美留学，先是在史密斯学院学习了一年，1923年获得哥伦比亚大学硕士学位。后来，严彩韵嫁给中国生物化学领域的先驱吴宪，回国后，严彩韵任教于北京协和医学院，期间与吴宪一同参与创立了中国的生物化学学科。

而天性乐观的严莲韵则在1924年从南京金陵女子大学毕业后去安徽怀远农村任教三年。1928年到母校中西女中任教。新中国成立后，她曾任基督教上海女青年会副会长、名誉会长，全国女青年会执行委员等职。

在那个时代，大部分女孩都是文盲，或者顶多在家里接受一点私塾教育，认识几个字，大部分女孩都逃不过早早嫁为人妇的命运。但严家的女孩们却得到了得天独厚、在如今看来都近乎奢侈的教育资源。在受教育程度方面，父母不惜成本地投入。日后的岁月将证明，严家父母的前瞻远瞩是对子女最大的投资，也将得到丰厚回报。

1923年，严家举家迁往上海后，其他兄弟姐妹都随父母在上海上学。因为正在读中学，严幼韵被留在天津中西女中成为住校生。此后一段时间，虽然父母也会常常到天津，但毕竟家中常年没有长辈约束，严幼韵可以经常带同学回家。

少年不识愁滋味。在这段无忧无虑的日子里，严幼韵在这所教会学校接受了十分西式的教育，除了学习英语和西式礼仪，她还学会了打网球、排球，夏天游泳，冬天滑冰，弹钢琴和骑马。她骑自行车时，甚至敢于放手大撒把。在那段日子里，有两件事，预示了严幼韵日后的人生方向。只是当时身处其中，她对此还毫无察觉。

学会开车的小姐

　　人生很有意思，看似一生漫长，但是决定性的事件，其实只有一两件。有两件日后看来决定严幼韵人生走向的至关重要的事情，在当时，其实都已经发生。只是，当命运还没有揭开最终答案的时候，身处命运棋盘中的人物，还浑然不知自己的未来。

　　说起来，这两件事，都和当时天津社交界的牵头人蔡丽莲有关——其一，蔡丽莲在天津法租界有一幢大房子，用来招待各种客人，为了有的放矢地招待来宾，蔡小姐区分了招待年轻人和年长者活动的区域。经常和同学去蔡小姐房子玩耍的严幼韵是后来才意识到的，当时张学良和时任外交总长的顾维钧都参加过蔡小姐的聚会。只是当时他们属于"年长者"，而严幼韵属于年轻人那个群体，彼此之间并无交集。即便互相见过，也彼此印象不深。但他们的确在当时，就已经出现在同一幢房子里了。

　　其二，在蔡小姐的聚会上，严幼韵的同学孔艾玛带来了她刚刚从美国获得机械工程学位的表哥阿尔法莱特来玩。阿尔法莱特有一辆跑车，于是在那年暑假，这个留洋回来的时髦男孩子教了严幼韵开车。没有人能想到，当时学驾车只不过是这些富家公子小姐娱乐的项目，日后却几次在严

严幼韵夫妇在
美国度蜜月

幼韵人生命运的关键时刻起了作用。

1928年，正是因为看见严幼韵在上海街头驾车的风姿，杨光泩认定眼前这个不拘一格的时代女性将成为自己的妻子，马上立志追求她。而在1945年，当丈夫去世、独自孀居、带着孩子去美国求职的时候，这项会开车的技能，为严幼韵加分不少。使她得以在40岁高龄成为职业女性时，能独立出门、接送女儿、置办房产，顺利展开人生新的篇章。

刊登在《良友》画报上的照片标题为"上海名媛严幼韵女士"

这个从小就有私人司机的富家小姐自己开起车来，真是勇敢。后来在美国，很多坐过严幼韵车的人都感慨说，严幼韵开车的速度惊人，能把人吓出一身冷汗。真不像是一位中年妇女会做出的事情。

这说明严幼韵的心态始终是勇敢年轻的。驾车见人品。这敢于冒险、无所畏惧的性格，或许在严幼韵青少年时期，就已经形成。

另外值得一提的是，虽然来沪之前，严幼韵一直在天津住校。但严幼韵在穿衣服打扮上的时间一点没少。当时，每隔一段时间，仆人们都会到学校给她送零食和新衣服。大罐的黄油、雅各布奶油苏打饼干，都是她日常随便吃的零食。而且因为父母不在家，她经常带同学回家，豆蔻年华的女孩子们扎堆，自然而然，会花很多时间买布料、找裁缝，她们通过看电影、买画报，以及从洋人身上学习借鉴，让自己穿上身的时装紧跟欧美时尚脚步，互相评头论足起来，俨然都是懂行的时尚评论家。

一度，严幼韵的衣服多到她自己也要惊呼——"我的新衣服太多了，同一件衣服几乎从来不穿第二次！"

"爱的福"小姐

1925年回到上海父母身边后，严幼韵开始去上海沪江大学就读，成为该校的住校生。那些年，是沪江大学刚刚开始招收女生。对于当时的上海女青年来说，去读大学还是凤毛麟角的事情。不过，对于严幼韵来说可能也不算稀奇。首先，就像前面说过的，严家对女孩子的教育投入已经成为家风的一部分。其次，作为严家的女儿，严幼韵已习惯这样了，她做的很多事情，都是开历史之先河的。就像她的祖父、父亲敢于在商界开拓未知领域，积极尝试新鲜事物一样。严家的子女继承了这种基因和勇气。

在沪江大学，严幼韵的舍监是一位美国小姐，以管理严格而著称，当时沪江大学的校规规定，女学生们不能有男性访客、晚间也不能外出，而且所有学生每个月只允许回家一次。通过据理力争，严幼韵还是在大学里保留了家中为她安排的女仆和汽车。她有自己的私人司机、还有一个坐在副驾驶员位置上专门负责为小姐跑腿的跟班。但向来自由自在惯了的小姐，还是感到了约束。

感到约束怎么办呢？聪明的严幼韵自有她的办法。

1927年，因为感觉就读的沪江大学校规严厉，严幼韵转入复旦大学读大三。成为复旦大学第一届女学生。宠爱女儿的父亲给严幼韵单独配一辆别克轿车和司机。

当时在上海滩，骑自行车的人都很少，更别说拥有轿车。那是身份和地位的象征。拥有自备车的家庭，在上海滩已经凤毛麟角，让一个女孩子去读大学也是少之又少，而严幼韵同时占据了两个罕见。

去复旦大学读书的日子，严幼韵是每天坐上自备车去学校的，有时，由司机驾驶去学校，有时，这个时髦少女会换一身漂亮衣服，干脆自己开车去上学，这在当时实数稀奇。严幼韵时髦、年轻、美丽，又很会打扮，容貌又姣好出挑，于是她驾车出行的身姿，成为了上海滩的一道风景。因为这辆车的车牌号是"84"，久而久之，就被大学的男生们用英语谐音念成了"爱的福"。男孩子们经常等在校门口，就为了看"爱的福"一眼。

这"痴情"的一眼，有多么令人印象深刻？一个小小的例子足以说明——半个多世纪后，1980年7月的一天，严幼韵的二女儿杨雪兰从美国回

严幼韵在杨雪兰出生后一个月照

到上海，跟随杨雪兰的姑父张锐，即严幼韵第一任丈夫杨光泩的妹夫去看望一个老朋友。老先生住在上海的一条弄堂里，房间逼仄、灯光昏暗，老先生穿着背心短裤、拼命扇扇子，饱经风霜的脸上刻着岁月的痕迹，显然吃过不少苦。当张锐向对方介绍，说杨雪兰是从美国回来的，并且提到了她的母亲严幼韵的名字后，老人的脸一下子亮起来了。"噢，你就是'84号'的女儿？"在杨雪兰点头后，老先生一下子容光焕发地说：

"当年你母亲可是全上海大学生的偶像。我们天天站在复旦大学门口，就为了看'84号'一眼，看到的话，就会兴奋一整天！"

后来，在很多场合，杨雪兰都会说到这个故事，并且由此感慨道：即使在50年后，对于母亲的魅力的记忆依然拥有化腐朽为神奇的力量。也足见在1920年代的街头，这个敢于独自开车上路的时髦小姐，是多么惹人注目，令人过目难忘。

严幼韵，真是天生一个传奇般的人物。

1926年6月，好友在苏州结婚，严幼韵担任伴娘

从小显示主见，自己挑选衣服

因为她从小就拥有很多衣服、拥有很多首饰，拥有很多英语原版进口杂志，因此，严幼韵见多识广，自然而然就对衣服装饰拥有自己的品位。时尚，对于严幼韵来说，不是一件需要后天特意去学习的事情，而是一件和日常吃饭洗脸一样的事，是最自然的生活的一部分。也因此，严幼韵很早开始，就显示了自己对服装的独到审美。

她不仅仅简单地跟风时装杂志上刊登的各种欧美时尚，更善于自己做主、甚至自己设计服装。在生活的其他方面也是如此，年轻的时候，她喜欢西式的生活，也和其他富贵人家的同龄少爷小姐社交，但她从不简单拷贝别人的行为模式，而是自己独辟蹊径，总是有自己的一套风格。

不上学的日子，严幼韵喜欢在家，和姐妹们一起尽情享受生活。她住在静安寺严家大宅院3楼的一间，卧室里全是白色的家具。房门外过道对面朝北的是一个厨房，放着炉子和冰箱，严幼韵喜欢在那里做西餐，如法式皇家奶油鸡或者蛋糕之类的点心。严幼韵大哥的女儿严仁美记得，她幼时经常去小姑妈严幼韵房间玩，观看严幼韵换衣服、梳妆打扮，然后看严幼韵去1楼客厅接待前来的爱慕者。

日后回想起来，这些少女时代生活上的细节，后来决定了严幼韵一生的审美趣味。在日后，人们去美国纽约严幼韵和顾维钧的住所拜访时，发现严幼韵的卧室家具基本还是简洁的白色色调。在她100岁的时候，还能亲手做龙虾沙拉待客。她的客厅里，总是高朋满座。在她年迈之际，她只要见客，就一定会搭配好衣服和首饰，务必确保颜色相配，浓淡适宜。

少女时代的一切，也蕴含着某种为未来作准备的意味。

在这个富裕的大家庭里，严幼韵得到了父母的无限宠爱。父亲总是说，女孩子们婚后的生活不会那么惬意，因此出嫁之前应该尽情享受。所以尽管父亲对家里的男孩非常严厉，但对膝下的几个女孩儿总是极尽宠爱。

严幼韵和姐姐们住在家里的时候，总能随心所欲。需要用钱的时候，她们只要给账房先生写个条子就行了。因为严幼韵喜欢赖床不吃早饭，忠心耿耿的女仆总是把最好的食物留着，在上午晚些时候拿到严幼韵的卧室给她独自享用。而且，作为拥有位于上海南京路的高档绸缎庄老九章家的小姐，什么布料对于严幼韵来说，都是应有尽有的。那时候，裁缝每天都会到家里来，因此严幼韵每天都有新衣服穿。

早在天津时期，严幼韵就会和女同学们一起商量着买布料、嘱咐裁缝剪裁衣服。到了上海后，时髦的上海直接与欧美时尚风向标零距离对接，严幼韵可以直接观看许多欧洲的时装秀，并且一展身手，开始自己设计服装。

当严幼韵的同学结婚时，作为伴娘出席的严幼韵所穿的，是自己设计的一条既有中式高领子又有西式礼服下摆的裙子。在留存下来的照片上，还可以看见这件严幼韵亲手设计的礼服。这件礼服，上半身具有海派旗袍的风格，多一份则宽、少一分则紧地贴合着严幼韵苗条的身段。下半身则是西式礼服风格，层层布料如大珠小珠落玉盘的流苏，如瀑布一样沿着双腿悬挂而下，能随着穿着者的移动而莲步生姿，中西合璧，十分优雅，凸显了严幼韵的气质，很符合其在婚礼上担任伴娘的身份，即便在今天看来，也是一件衣品100分的选择。

兆丰公园里，看手相的预言

当时的上海，五方杂处、华洋兼有，开明的父母得风气之先，在子女表示出对西式生活的兴趣时，从不干涉。严莲韵和严幼韵在未婚时，在家里烫头发、穿西式衣裙、还穿白鞋子，按照中国传统，这都是大不敬的事情。而且当时中国人认为白色是丧服的颜色，除了葬礼之外不可上身。但严幼韵的父母毫不忌讳，都默许了。在父母为女孩子们营造的这个轻松、自由、西化、开明的环境下，严幼韵得到了一个未出阁女孩所能得到的最大限度的社交自由。

周末，严幼韵经常和女性朋友去看电影、去西餐厅凯司令喝茶、滑冰、游泳或者骑自行车。她们还经常去兆丰公园（今中山公园）游玩，当

严幼韵夫妇结婚照：首席伴娘是其姐姐严莲韵，旁边是杨光泩的妹妹杨立林，第三个是其侄女严仁美

严幼韵夫妇结婚照

时，这个按照英国风格设计的公园里面有动物园、咖啡馆和各种丰富多彩的活动。一起结伴玩耍的姑娘小姐们都18岁了，除了一味享受生活之外，她们各自有了少女的烦恼。

严幼韵的小姐妹、包括一些要好的女伴中，已经有人谈婚论嫁。而对严幼韵来说，周末的下午，她也要学着梳妆打扮，在家里开始接待爱慕者的来访，至于严幼韵的父母，也早就开始忙碌起来，暗地里，招呼媒人帮忙为几个女孩子筹谋婚事。

在小姐们常常去玩的兆丰公园里，当时有个看手相的摊子，摊主是一个名叫帕珀的外国人。有一天，严幼韵和女伴们一时兴起，决定找她去看看手相。一起去的女孩子里，有刚刚新婚的海伦、海伦的姐姐德罗西、严幼韵的好朋友爱丽丝。

帕珀看了海伦的手掌后，预料她将有两任丈夫。这使得当时刚刚新婚燕尔、正你侬我侬的海伦听见后立刻哭了。德罗西则被告知，自己以后会衣食无忧，但并不幸福。爱丽丝获知，自己将来会有众多子女，但丈夫不仅会贫穷而且会不忠。至于严幼韵，帕珀小姐告诉她，她将会过着四处游历的精彩生活，而且总是和穿着正装、头戴高帽子的大人物在一起。

严幼韵九旬之际，无限感慨地说：后来，帕珀小姐的预言都逐一成真。

"我必须嫁给我尊敬的人"

尽管生活宽裕，父母溺爱，但严幼韵并没有长成穷奢极欲的小姐。她虽然不受拘束，行为却不鲁莽，对自己的终身大事，保持了十分的冷静和理智。这在她提出的择偶条件上，可见一斑。

过了18岁生日后，严幼韵的母亲曾经就婚姻问题很严肃地和她谈过一次。在谈到自己喜欢什么样的男子时，严幼韵非常有主见地告诉母亲，"未来的夫婿不仅必须赢得我的爱慕，还必须是我尊敬的人，是否有钱无所谓"。母亲当时喊道"你的生活如此奢华，怎么能不在乎钱呢？"严幼韵则回答说"只要嫁给自己心仪之人，我愿意出去工作养家人"。

20岁出头的时候，严幼韵获得父母的默许，开始和男孩子们交往。这在当时也是开风气之先河的事情。按照西式约会礼仪，严幼韵和男伴会去看电影、打球，除此之外星期天的下午还会一起去大华饭店跳舞。后来严幼韵在谈到这些男孩子们时说，"我没有严格意义上的男朋友，对认识的男孩都不怎么感兴趣，因为在我看来他们实在太稚嫩了。后来我认识了比自己大几岁的杨光泩，他比我的同学们成熟得多，成就也非他们可比。"

骄傲的少女的心，终于为之一动。

1900年出生的杨光泩被公认为是前途无量的青年才俊。他出生在上海一个大丝绸商的家庭。1920年清华学校毕业之后，杨光泩被公派去美国留学，在位于科罗拉多州斯普利斯市的科罗拉多大学学习一年后，获得文学学士学位，1924年又在普林斯顿大学获得国际法和政治学博士学位。毕业后，他在美国曾出任中国驻美国公使馆三等秘书、乔治城大学中文教授、华盛顿美国大学远东历史讲师，同时为《外交》《当代历史》等美国杂志撰稿。1927年，他回到清华学校担任政治学和国际法教授，兼任北洋政府外交部顾问。

这是一个很清楚自己目标和使命的青年。他所追求的女孩，绝对不是那种传统意义上裹着小脚、大字不识、只能在家里相夫教子的女人，他要找一个能够和他并肩作战、善于社交、能够一起去开拓世界的女人。

1928年初，就在杨光泩和严幼韵相遇的一年，新成立的南京国民政府任命杨光泩为外交部驻上海特派员。一次，在上海的街头，杨光泩偶遇

站在严幼韵夫妇身后（从左至右）是陈世光、严父严子均、不知名的美国国会议员、王正廷和杨父杨文瀚

自己驾车的严幼韵，立刻意识到，眼前这个时髦、勇敢、受过良好西式教育的年轻女子，正是自己一直在寻觅的人生伴侣。

后来严幼韵才知道，那次街头偶遇后，杨光泩当即尾随她到了女伴王小姐家。当他发现，严幼韵的朋友王小姐是自己也认识的熟人后，杨光泩就拜托王小姐在上海当时最时髦的大华饭店安排一场下午茶舞会，以便认识严幼韵。杨光泩在美国上学时，学会了打网球和跳舞，舞技一流且风度翩翩，按照西式礼仪，杨光泩开始对严幼韵展开了疯狂的追求，向她送花、邀她跳舞。严幼韵的芳心被打动了，眼前的男人不仅出身优渥、学历完美，而且性格沉稳、富有追求，和她之前认识的富家公子哥儿们迥然不同。她自己浑然没有意识到，自己的人生即将因为眼前的这个男人而发生决定性的变化。

虽然当时，上海富商的社交圈很小，说起来杨光泩的父母和严幼韵的父母也彼此认识，但杨光泩还是正式上门拜见了严幼韵的父母。聪明的他，也很快博得严家大宅里少爷小姐们的欢心。当时严幼韵大哥的孩子们十分调皮，经常会在客厅外书房里躲着，一旦严幼韵的追求者上门，他们就跑出来挡在前面，勒令他们磕头后才放他们进客厅。但杨光泩很聪明，他总是带着妹妹杨立林一起来访，杨立林和严家的小孩子们年纪相仿，他们一起玩的时候分散了孩子们的注意力，杨光泩就能乘机走进客厅了。

杨光泩出生富商之家，他的父亲杨文濂早年也曾赴美留学，因为一度家道中落，杨文濂的子女还被家族中其他族人认为是穷亲戚，遭受很多冷遇。1912年，杨文濂的同辈顾维钧为其在北京政府的审计部安排了一个职位。到了1928年，杨文濂已经不能负担多子女的教育费用。

幼年经历过的世态炎凉，让作为长子的杨光泩不得不迅速成长起来。这也赋予了他远远胜过同龄人的成熟和担当。杨光泩非常疼爱四个弟弟和三个妹妹，是他以一己之力不断贴补家用，并坚持让弟弟妹妹上最好的大学和中学、要受最好的教育。很早就承担起家庭责任的杨光泩，不仅个人成就斐然、前途无量，而且这份同龄男孩子身上罕见的稳重、体贴和责任心，让严幼韵其他的追求者相形见绌。

从房间内部拍摄的大华饭店婚礼接待处

参与设计婚纱，
一场名震上海滩的盛大婚礼

嫁衣应该是女人一生中最重要的服饰了。

1929年9月8日，严幼韵和杨光泩在他们第一次跳舞的大华饭店举行了盛大的婚礼。这场婚礼，一时成为城中盛事。严幼韵的婚纱和伴娘的礼服，都是由上海著名的法国设计师加内特女士设计的。但严幼韵并没有完全依赖设计师，而是自己也提出了对服装的要求——礼服要有中式旗袍立领。

早在这一年的春天，严幼韵的妹妹严华韵结婚，婚礼当天杨光泩入院做阑尾炎手术，因为不愿意家人担心，他没有告诉别人，知情的只有严幼韵一人。几乎是妹妹的婚礼一结束，严幼韵就直奔医院。在杨光泩住院期间，严幼韵不避嫌隙，全程照顾他，病榻边，两个年轻人的感情迅速升温。几个月后，他们订婚了。

订婚后，全家为严幼韵的婚礼忙开了。严幼韵大哥的女儿严仁美当时15岁，被邀请作为伴娘之一。她第一次烫了头发，并和新娘一起挑选了伴娘礼服所需的所有布料。严仁美记得，当时裁缝们一次次来家里，让姑娘们一次次试穿。严幼韵甚至亲自设计了伴娘们的鞋子。姑娘们兴奋地从早忙到晚，在婚礼当天，严幼韵还忙着帮伴娘和花童做头发、涂指甲油。而杨光泩也参与其中，并且坚持所有东西都要用最好的，"因为能娶到这样的新娘实在是太幸运了！"

在这场著名的婚礼上，主婚人是当时的外交部长王正廷博士，证婚人是杨光泩的上司陈世光，还有一位美国国会议员。严幼韵的父亲严子均虽然不熟悉西式礼仪，但还是配合女儿的心愿，如一个西方父亲那样，陪女儿走过长廊，并在婚礼上将严幼韵的手交给了新郎。

婚礼上，5位伴娘全部是年轻漂亮的名门闺秀，包括严莲韵、杨光泩的妹妹杨立林和严幼韵大哥的女儿严仁美。伴娘一律着时髦的白色过膝长袍，穿白色丝袜和白色带绸缎蝴蝶结的高跟鞋，捧着大束花卉。而5位伴郎全部都是青年才俊，婚礼当天均着最正式的晨礼服、穿皮鞋、戴手套。

青年外交官和复旦校花的结合，轰动了整个上海滩。参加婚礼的宾客

杨光泩和严幼
韵在一次正式场
合，顾维钧和他
们隔着几个座位

逾千人。新娘自己参与设计的戴在头纱上的璀璨皇冠，更是引得所有媒体
争相报道，后来很快成为全上海小姐们婚礼时效仿的对象。

　　当时杨府的房子在南京东路，严府的房子在静安寺路，都是上海租界
内的繁华地段，为了筹办婚礼，两家均张灯结彩，大宴宾客，一些布幔上还
特别书写着大写的"爱的福"。之后，杨家还在银行俱乐部设宴招待新人的
年轻朋友、同事和同学，场面极为热闹。新郎、新娘全部敬完酒后，几乎都
累得筋疲力尽。

　　这是一次值得写进时尚教科书的婚礼。时至今日，严幼韵的婚礼照
片，还经常被新婚的人们，作为复古的范本。

第一次正式认识顾维钧

新婚的生活是无比甜蜜的,也是从这个时候开始,严幼韵开始更多有意识地穿旗袍。可能因为离家千里,对家乡的怀念,就要更多用日用服饰来表达。

婚后不久,杨光泩得到了赴欧的调令。他临走之前,还不忘妥善安排好了弟弟、妹妹们的生活和学业。1930年4月4日,杨光泩带严幼韵乘坐"柯立芝总统号"离开上海,前往美国度过他们的蜜月之旅。这次美国之行,是严幼韵第一出国。她没有意识到,她的人生后半程,将都在这个新大陆度过。

蜜月之旅中,新婚夫妇俩先后去了杨光泩求学过的科罗拉多、美国首府华盛顿和纽约。整个旅行的全程都是杨光泩一手安排,他极力宠爱,简直把妻子宠上了天。

严幼韵后来自己也说,这次蜜月之旅,她全程像一个公主一样,什么也不用负责操心,只要坐享其成就可以。杨光泩沿路极力为妻子安排最豪华的旅店和最顶级的大餐,一切就是希望严幼韵过得愉快。而从小在教会学校读书的严幼韵能说一口流利英语,初次出国就几乎没有遇到任何语言障碍。

严幼韵夫妇和奎松总统夫妇在总统府马拉坎南宫。奎松夫人身着菲律宾民族服装

蜜月之旅结束后，夫妻俩又从美国出发，乘坐"欧罗巴号"的处女航前往英国。杨光泩作为驻欧洲特派员，要去欧洲履职。在轮船上，杨光泩邀请妻子去舞厅跳舞，这舞厅甚至比上海大华饭店的舞厅更宏伟、富丽堂皇。连习惯跳舞的严幼韵都不禁赞叹"我的丈夫跳舞跳得真的很棒"。但假期很快结束了。抵达欧洲后，杨光泩立即投入紧张繁忙的工作。

到伦敦后不久，严幼韵得知父亲在沪去世，当时他只有59岁。父亲去世后，父亲生前娶的两任妻子留下的两房子女为分割严子均的遗产一度闹上法庭。失去父亲，不仅令严幼韵悲痛万分，由于身在欧洲且有了身孕，她没能回国奔丧。而且，父亲的去世也意味着，旧日做女孩时，那种无忧无虑的生活再也回不去了。昔日静安寺路上，大门一关80多号人住在一起的日子落下帷幕，上海的娘家即将四散了。

不过从另一方面说，继承了父亲的遗产，让严幼韵手头也更为宽裕。杨光泩虽然工作体面，但薪资不高。一次中国政府没有按时发放薪水，严幼韵不得不拿出娘家的钱，帮助当时是驻英国伦敦总领事的丈夫支付官邸租金和员工薪水。

由于丈夫工作的原因，一家人常常辗转欧洲各大城市居住。过去饭来张口衣来伸手的小姐，也在异国他乡迅速成长起来，成为独当一面的女主人。那几年里，她需要不停挑选住处、打扫公寓、收拾行李、招聘仆人、培训厨师、策划并主持各种类型的派对、迎来送往、记账管家。她自己都对自己感到惊叹："这么多事情，我居然都办理得不错。"

1930年9月，怀孕晚期的严幼韵随杨光泩赴日内瓦任职，是月25日，夫妻俩第一个孩子杨蕾孟在日内瓦雷蒙湖湖畔的私人医院出生。随着杨光泩工作需要，后来他们一家又转往法国巴黎居住。1932年新年，杨光泩夫妻去中国公使馆拜会时，严幼韵被正式介绍给顾维钧。他当时刚被任命为驻法国公使。当时谁也没有想到，日后这两个人，会彼此成为对方生命中最重要的人。

有一天，顾维钧派配有中国驻法国大使馆特别牌照的大使馆豪华轿车接严幼韵和杨蕾孟去大使馆参观，所到之处，警察纷纷敬礼，杨蕾孟晚年，还能记得当时自己和保姆的激动之情。

如果说结婚和旅欧，意味着自己新生活的开始，那么父亲的去世，则意味着严幼韵的少女时代结束，至此她的人生将翻开新的篇章。

前往菲律宾

1938年11月，杨光泩以公使身份作为中国驻马尼拉总领事前往马尼拉。此时，夫妻俩的大女儿杨蕾孟、二女儿杨雪兰已经长大。严幼韵正怀着小女儿杨茜恩并即将临产。

3个女孩的名字，记录了这个家庭走过的足迹：1930年，杨蕾孟出生在风景如画的瑞士，名字以出生地的湖泊命名，1935年，杨雪兰出生在上海，以当时最流行的美国童星秀兰·邓波尔的名字命名，1938年，杨茜恩出生在巴黎，以塞纳河的名字命名，同时父亲杨光泩也用了“希望和平”的谐音。夫妻俩即将告别欧洲，踏入菲律宾，而这一次搬家，将让整个家庭直接被卷入残酷的太平洋战争。

1939年，严幼韵带着3个孩子、保姆和厨师乘船前往菲律宾和丈夫团聚。

一位年轻美貌的女性，在富裕和平的顺境中展现优雅和美丽，似乎并不稀奇，但是在逆境中，还能表现得勇敢果毅，则真正说明其品质。从小到大，被捧在掌心里的富裕生活，并没有让严幼韵变得意志软弱、丧失斗志，事实证明，当灾难来临时，她的光芒如被打磨的钻石一样，将更加耀眼。

后来，严幼韵也说过，在少女时代，自己倒是常常赶时髦穿西式礼服，但出国后，尤其是1930年后，自己基本只穿旗袍。在英国的伦敦总领事官邸、在瑞士、在法国巴黎，以及日后在菲律宾和美国，她几乎只穿旗袍亮相。

一袭海派旗袍，展示了她对祖国和故乡的依恋之情，也展示了她成年后的审美趣味和精神追求——永远优雅得体、永远腰背笔挺、永远体现东方女性的坚韧。

战争开始了

到达马尼拉不久后，就发生了一件令人不快的事。但从处理这件事上，很可以窥见严幼韵的处事风格。

一天晚上，杨光泩和严幼韵去参加一个晚宴，回家后严幼韵摘下首饰，她的贴身女仆吴妈把它们和其他首饰都放在了严幼韵卧室的衣橱里。衣橱里有3扇门，吴妈都上了锁。一般来说，吴妈就睡在严幼韵卧室通往游廊的帆布床上。但当天正好有两个杨光泩的朋友住在酒店里，他们的女仆就住在杨光泩家，吴妈晚上去陪伴这两个新女仆。

第二天早上，严幼韵醒来时，发现衣橱的3扇门全部都开着，所有的首饰都不见了。小偷在花园里砸碎了首饰盒，还从里面挑挑拣拣一番，拿走了镶嵌钻石和其他宝石的首饰，扔掉了珍珠和一些旧首饰。虽然夫妇俩报了警，但始终没有破案。当时在马尼拉的美国人圈子里流传着是警察局长手下参与盗窃的传言。这些首饰中有许多是严幼韵在上海时期就开始收藏的，包括家传的珠宝和她在巴黎、蒙特卡洛和意大利购买的珠宝。但严幼韵却没有表现得太难受。

当朋友问她为什么没有太伤心时，严幼韵说，一切糟糕的事情都有可能发生。而入室盗窃只是程度最轻微的。"我只是丢失了财务，其他重要的东西都毫发无损——我的生命、健康和家庭。"

在菲律宾，杨光泩的主要任务是从当地富裕的华侨中为中国抗日战争募集钱款。作为夫人，严幼韵也必须将社交作为一项应尽的责任，而非闲暇时的娱乐活动去开展。她被推选为中国妇女慰劳自卫抗战将士会菲律宾分会名誉主席，帮助大家开拓新渠道为抗战募捐。带领妇女们募集黄金首饰、做纸花义卖，深入工厂、商店、街道劝募。仅1940—1941年，该会汇缴给重庆国民政府的钱款便是以往总和的10倍。她们还为前线制作了100万个医疗包。并为士兵的冬衣和药品额外募集了2.3万比索。

战争的脚步，并未因此被隔绝在外。

1941年12月8日，严幼韵正在卧室梳头发，杨光泩冲进来宣布：日本人轰炸了珍珠港，这意味着日本向美国宣战了。第二天，日本就开始轰炸马尼拉。有时甚至一天空袭两三次。整个城市顿时陷入了恐慌。严幼韵一家的生活也被彻底改变了。

12月24日，马尼拉宣布成为"开放城市"，希望通过保证不抵抗即将到来的日军，来避免更大的死伤和破坏。但是日军的轰炸并没有停止。麦克阿瑟将军准备撤离马尼拉，邀请杨光洰全家一起离开。

但杨光洰婉言谢绝了这一邀请，他说留下来保护华侨社区是他的职责。1942年1月2日，日军进入马尼拉。1月4日，日军到马尼拉宾馆逮捕了杨光洰和其他7位领事官员。

日本士兵进入酒店的时候，杨光洰一家正在吃早饭。杨雪兰记得，所有的士兵腿上都缠着帆布绑腿，整个过程他们表现得异常礼貌、平静、迅速。"爸爸跟着士兵上楼拿了一小包衣服。他肯定已经作好了准备。"

一开始，几位领事官员被监禁在马尼拉市中心的菲律宾总医院，后来被转到了69公里之外的度假地洛思巴菲奥斯，接着又被送到了马尼拉的爱特诺学院。在这3处，严幼韵和孩子们尚能去探望杨光洰，给他带点干净衣服和食物。但是之后他们忽然都消失了。

多年以后，杨蕾孟都在后悔当时自己的行为。她后来回忆道：在一次随母亲前去看望杨光洰时，父亲表示，要严肃地和长女谈一谈，告诉她要快快长大，照顾好妈妈。但是只有12岁的杨蕾孟不能忍受这些话，挣脱他跑回了严幼韵身边，"他肯定知道将要发生什么事，我明白他在跟我诀别。这是我最后一次见到他。我一直很后悔自己当时的行为。"

丈夫杨光泩英勇牺牲

很多年之后，严幼韵才得到了杨光泩被捕后的详细信息。她在自传中写道：因为当时日本政府在南京成立了汪精卫为首的傀儡政府，因此日本政府不承认国民党政权，中国的领事官员无法享有《日内瓦公约》所规定的任何外交豁免权。

日军还拘禁了42名主动挺身而出保护华人社区的华侨领袖。这42人和杨光泩等7名领事官员，起初待遇尚可，因为日军想知道捐款的下落。当日军知道所有抗日捐款都已经汇往中国，而且载有中国法币的船已经被烧毁后，恼羞成怒。日军宪兵司令太田要求杨光泩在3个月内为占领当局募集相当于华侨1937—1941年给重庆国民政府捐款1200万比索的双倍款项。杨光泩拒绝合作，3月18日，7名领事官员被押送到位于古代王城的圣地亚哥城堡地牢。4月17日，8人被押往中国义地秘密枪决、就地掩埋。而这个信息，直到战争结束，才真正被确认。

在当时，失去政府的保护、孤悬海外、丈夫又生死未卜，严幼韵一个人带着3个孩子从马尼拉宾馆回家后，发现自家的房子已经被日军作为敌产而没收。为杨蕾孟和雪兰做过保姆的英国女仆多罗西和新婚的美国籍丈夫被作为敌侨关进日军的集中营。

好在严幼韵和杨光泩的另一幢位于布里克斯顿山15号的老房子还在。忠心耿耿的仆人们，陆陆续续从被查封的房子里，为严幼韵偷出了食物、药品、餐桌椅、甚至钢琴。几位无处可去、失去丈夫音讯的领事官员太太带着孩子，毫无征兆地出现在了布里克斯顿山15号，严幼韵慷慨大度地收留了他们，小房子里人口顿时激增——一共有18个成年人和未成年孩子、9个仆人、两条狗、猫和猴子。

她们当中，有萧太太、莫太太、姚太太、张太太、孙太太，还有一位才结婚几天的美丽新娘子邵秀兰，她的丈夫王恭玮是老外交家王正廷的儿子。王恭玮是以实习生的身份前来驻马尼拉领事馆实习的，想不到结婚才几天就被日本人抓走，牺牲时才22岁。王正廷是杨光泩与严幼韵结婚时的证婚人，而杨光泩又是王正廷的儿子王恭玮与邵秀兰的证婚人，想不到仅仅几天之后，严幼韵竟成了王恭玮夫人邵秀兰的保护人。

1947年严家兄弟姐妹聚会。后排从左往右：严莲韵的女儿徐景灿、严华韵、严莲韵、严幼韵、严智实的妻子张维新、严莲韵的儿子徐景乾

　　这支家眷队伍中还有一对母子，即雅斋和她11岁的儿子孙崇毅。雅斋是严幼韵早年在上海时的朋友，她带着儿子本来乘坐"哈里森总统"号前往美国，是去与丈夫会合的。但是该船在马尼拉靠岸时接到上级命令，要返回上海接最后一批美国公民，就让船上的乘客都在马尼拉下了船。但是那艘邮轮没能如期返回，而是在途中被日本人炸沉了。后来，严幼韵就让雅斋母子和自己母女3人，共住一间卧室。整整3年，这些手无寸铁的妇孺，都在严幼韵家得到了保护。严幼韵从不在孩子们面前表现自己的焦虑，但其实，这个之前连一块手绢也没有洗过的小姐，一下子成为了26个人的家长，维系所有人的性命，面临的是地狱般的考验。

　　109岁之际，严幼韵偶尔跟外甥女徐景灿谈及当年在马尼拉的岁月，恐怖的景象仍旧历历在目："一听到外面日本人的皮靴声或是军车开来的声音，我的心就吊到了喉咙口，紧张得快要窒息……家中女人多啊，要赶紧躲避啊……"

享受得了最好的，就承受得了最差的

面对一群因为生活巨变而惊恐不安、手足无措、投奔而来的妇孺，时年37岁的严幼韵遇到了人生最大的考验。作为杨光泩的妻子、总领事的太太和家中的年长者，她必须出面、表现得平静、努力操持家务，调停各位夫人们之间的拌嘴、仆人们之间的纷争。

在经历了最初几周的焦虑不安后，她马上和太太们一起把花园草坪挖开，种植了空心菜、红薯、蚕豆、白菜和花生。在院子里挖了井打水。在地下室养了鸡。在房子边上养了一头猪。因为没有汽油，汽车被闲置，因此他们还养了一匹马来拉6轮马车。因为没有煤气，所以厨师们在烧煤的大黏土锅里做饭。严幼韵带领仆人们用黏土锅做肥皂、芒果酱，甚至后来还有人拿到市区去出售。

严幼韵后来回忆到：当时没有一位太太分担费用，而且她们的确也没有多少钱。严幼韵不断从上海娘家要钱，但很快积蓄山穷水尽。尽管生活在日寇铁蹄下，且时不时有日军造访，经济上又捉襟见肘。但严幼韵性格中最为坚强乐观的素质，在这个时候，大放光芒。

严幼韵在房屋的阳台上，用缝纫机为孩子们做衣服，又用电炉为家人做美食：洋葱牛肉（马肉）或者糯米做的花生糖卷。她还尝试做奶油，也会用储备的桃子罐头，时不时款待一下孩子们。只要日子平静，她还和隔壁邻居一起打桥牌，或者在偷出来的钢琴上弹琴唱歌。尽管自己捉襟见肘，但只要条件允许，她还暗地里派仆人去给被关押在日军集中营里的英国保姆多萝西送去食物。

马尼拉极度炎热，每一处小划伤或者擦伤都会导致感染。严幼韵就在卧室的一角开设"诊所"，每天都有两三个孩子等着让她用双氧水或者红药水擦拭伤口。正值成长时期的孩子们中几乎总有一个在生病——水痘、疱疹、登革热、耳痛……还有一次，一个太太的儿子得了肺结核……家中女人又多，为了防止日军的不速造访，严幼韵在家里安排了好几个避难所——包括楼梯下面的空间、地板下面的洞、房顶下面的空间等。从这些细节安排上，足见严幼韵的处变不惊和足智多谋。尽管每天一听见士兵的脚步声出现在窗外，她就会吓到浑身血液凝固。但只要出现在孩子面前，她依然极力保持镇定，从未有人听到她抱怨。

在所有的太太们都入住后，一次，一个日本人送来了7位领事官员的个人物品。严幼韵拿到了杨光泩的眼镜、手表和一缕头发。尽管日本人只是说他们去了"很远的地方"，但一切已经说明他们已经离世，整栋房子充满了女人的哭声。严幼韵还是坚持着抱有希望，认定他们是受《日内瓦公约》保护的外交官，不会遇害，她不断和自己确认这一点，以帮助自己平静下来。

1944年末，一个日军前来告知，屋子门前道路即将被封锁，她们可以立即搬走，要不就得储备好粮食和所有人待在家里，不准离开。面对26个人的性命，严幼韵整整纠结了一天，到底是走是留？在整段关于日占时期的回忆里，只有这一次，严幼韵感到了无比的艰难和痛苦。

第二天，在当地华侨的帮助下，他们被汽车分散安置到了不同的空房子里。之后又多次搬家。一次在安置房中，严幼韵躺在床上，一些榴散弹片直接穿过她上方，击中了她头上方的墙壁。在无忧无虑地跟着丈夫游历欧洲的时候，产后发福的严幼韵一度还为减肥而绞尽脑汁，但在日占时期，她的体重跌至41公斤。所有的旗袍穿在身上，都宽大到显得弱不胜衣。但在留下来的照片上，可以看到，在满目疮痍的马尼拉城市背景前，她依旧是充满微笑。

1945年2月，在独自坚持了整整3年之后，严幼韵终于盼到美军进入马尼拉。几十年后，年逾百岁的严幼韵在自传中回顾这段日子，自豪地说："现在回头想想，我们当时的确非常勇敢。我们不知道自己的丈夫生死如何，又很担忧我们的孩子；我们自己的命运也完全茫然不可知。但我们做到了直面生活，勇往直前。"

赴美生活

　　1945年4月12日，美国总统罗斯福去世当天，严幼韵一家乘车穿过完全被摧毁的马尼拉市中心，登上了"埃伯利海军上将号"启程赴美。5月4日抵达美国加利福尼亚圣佩德罗后，他们被安置在格兰德旅馆里。正是在这里，民国政府的代表前来证实了杨光泩和其他领事官员遇难的消息。一直以来，紧咬牙关告诫自己不要崩溃、要好好履行职责的严幼韵，"在那个时候，第一次因此而哭泣"。

　　因为积蓄所剩无几，她必须出门工作。此时她已经40岁了。经过朋友的举荐，以及作为外交官妻子的经历，让她顺利入选，进入联合国工作，担任联合国首批礼宾官。她最初主要负责13个国家，包括阿富汗、缅甸、中国、埃塞俄比亚、日本、美国、泰国等联合国成员国的官方接待任务：包括接待刚刚赴任的大使、通知纽约的相关部门安排外国元首的机场迎送、酒店入住等事项，安排官方活动上受邀宾客名单、准备请柬、安排座位、协助举办晚宴、注意座位安排、宗教习俗、饮食禁忌。她接待的第一位国家元首就是哈里·杜鲁门总统。

严幼韵在联合国
她的办公桌前。

欢迎让·德努的新婚妻子贝尔（Belle，右边举杯的那位）的酒会

　　开朗的性格和无畏的品质，让她成为同事们的开心果和润滑剂。甚至在她退休后，每逢同事间发生争执，还会分头写信向她抱怨求仲裁，视她为"和平使者"。而在联合国的各种礼宾场合，旗袍成为了严幼韵的礼服和标识。旗袍的典雅、温婉和低调，让她在名流云集的场合，显得既体面不失礼，又不喧宾夺主。一切都是恰到好处的。

　　此外，1923年在天津求学时代学会的驾车技术，此时也派上了用处。由于联合国秘书长的办公室当时在长岛成功湖，而大部分代表团都住在市区，因此礼宾司在第五大道还设有一间办公室。在几处往返工作时，严幼韵总是开着她买来的奥斯莫比尔，载着一车惊恐不安的同事上路，大家大叫着"当心！""你离人行道太近了"当车辆抵达目的地时，大家都要大为松一口气。但严幼韵自认为是很好的车手，除了因为超速吃过一次罚单之外，从未出过事故。而且有一次她把手提包忘在了后备箱上，到达目的地时，手提包还在后备箱上，"足可以证明我开车多么谨慎"。

　　1947年9月，在联合国工作一年后，严幼韵为参加丈夫杨光泩和其他领事官员的国葬专程回国。葬礼结束后，她回到上海和兄弟姐妹团聚。在那里，她见到了姐姐严莲韵和银行家徐振东的女儿徐景灿。她没有想到的是，这是她最后一次回到上海，而等到再次见到景灿，竟然要时隔32年后。

成为顾维钧夫人

顾维钧为严幼韵戴上婚戒

严幼韵忙于工作，而3个女孩也静悄悄长大成人。1955年，26岁的大女儿杨蕾孟嫁给了早在马尼拉时期，就曾经在一幢屋子里共度时艰的童年朋友孙崇毅。一年后，杨雪兰嫁给薛杰。1959年，最小的女儿、当时正读大三的杨茜恩也和男朋友唐骝千进入了谈婚论嫁阶段。

爱情，对爱笑的女人来说，是不会缺席的。童年时养成的无畏品质、欧洲时期让她打开的宽阔眼界、战争时期磨砺出的坚强性格，都让严幼韵成为了一个比上海时期那个年轻靓丽的都会少女更为丰富、更加迷人的女人。

1959年9月，严幼韵与著名外交家、1919年巴黎和会的中国代表、前外交总长、代理总理驻美大使顾维钧博士(1887—1985)在墨西哥城登记结婚。婚礼这天，严幼韵一袭珠光色旗袍，云鬓高耸，仪态万方。这一年，严幼韵54岁，顾维钧71岁。

婚后严幼韵返回纽约，后来她退休了。五十而知天命，许多人到了这个年纪，已经退居家庭，含饴弄孙，但严幼韵下半场的精彩人生这时却才刚刚开始。

严幼韵婚后，也随着顾博士开启新一段异国之旅，直到1966年顾维钧退休后，两人再一起回到纽约。

2004年严幼韵步入宴会厅

"维钧爱慕幼韵"

在今日留存公布的照片里，可以看到，严幼韵此时旗袍不离身。在任何一张照片里，她都穿着旗袍。见客时，她穿绸缎面料的旗袍；外出时，她穿旗袍，外罩西式外套；在家和亲友在一起时，她穿过膝的素色旗袍，并总是根据旗袍花色和材质的不同，有时戴一条金项链，有时戴两条珍珠项链作为搭配。永远那么妥帖。

多年漂泊于世界各大城市的顾维钧，十分享受严幼韵为他营造的温暖家庭氛围。他会穿着笔挺的三件套西装，给杨雪兰的长子喂饭，也会和保姆一起，带着茜恩的孩子去附近公园里的海滩，长时间看着孩子们挖沙、踏浪、骑驴。严幼韵说："维钧太喜欢孩子们住在家中了。他说他们给家里带来了'温暖的家庭氛围'，这对他来说是全新的体验。"

向来严肃不苟言笑的顾维钧，十分珍惜晚年生活中的这份天伦之乐。严幼韵也喜欢、甚至可以说十分享受全身心地照顾顾维钧。经过多年搬家和居无定所的日子，夫妻俩在美国纽约公园大道1185号一栋公寓安居下来。这是顾维钧生平第一次没有公务在身，但他还是一周五天，每天上午11点到下午2点，接受哥伦比亚大学口述史项目采访者的采访，此后历时数年，最终完成了长达13卷的口述史项目。

每天夜里，十一二点，夫妇两人回各自卧室。严幼韵会在顾维钧房间里放一杯阿华田和一些饼干，并开着走廊灯。顾维钧凌晨三四点起来时看见灯光会记得要用点心，他会边吃边看书，大约1个小时后关灯。这样严幼韵醒来后，看见关灯就知道顾维钧已经吃过点心睡下了。

在这样悉心的照料下，1976年，历经18年，顾维钧完成了口述史。生前，顾维钧多次称严幼韵是他人生真爱，并在谈养生心得时说，只有三点："散步，少吃零食，太太照顾。" 他曾经送给严幼韵一对玻璃小熊，小熊上用英语写道"维钧爱慕幼韵"。不知不觉，顾维钧和严幼韵的子女都做了父母、甚至祖父母，围绕在两个人膝下有了一个百人大家庭。

严幼韵的外甥女、严莲韵的女儿徐景灿1979年从上海去美国探访32年未曾见面的姨妈。从此，也成为这个大家庭的参与者和见证者。她后来在相关文章中写到姨妈麻将桌的盛况：

"20世纪六七十年代，坐在他们麻将桌边的是一批民国时期的党政军大腕及其家眷，说它是高级沙龙也'货真价实'，因为来者都是民国时期在上海滩有脸有面的人物。如孔祥熙的大女儿孔令仪、黄雄盛夫妇，徐志摩的前妻张幼仪，儿子徐积锴（阿欢）夫妇，宋子文秘书唐腴庐的夫人谭端，唐腴庐的妹妹唐瑛，广东郭家的郭华德，潘振坤夫妇，中国银行老总贝祖贻，蒋士云夫妇，张寿镛的儿子张悦联，卓还来的哥哥卓牟来，哈同的女儿诺拉，银行家徐新六的儿子徐大春，张嘉璈的妹妹张嘉蕊，荣宗敬的儿子荣鸿三夫妇，张静江的侄媳妇徐懋倩，傅筱庵的儿子傅在源，原金陵女大美国校友会会长谢文秋，'海上阿叔'的妈妈王定珍，朱榜生的女儿朱珍珊、朱月珊等。可以说，这个沙龙基本囊括了在纽约养老的、民国时期的大牌遗老及他们的家属。而现在来她家打麻将的，不少是这些人的后代。

他们做什么事情都是粗中有细、有章法的，打麻将也是。他们原先时间不很固定，后来固定为周三和周日（遇有事情临时调整）。从下午3点半开始，要战到深夜近12点钟方罢。到时候先生们西装革履，女士们珠光宝气，个个打扮得漂漂亮亮的，像是来赴盛宴，因为严幼韵喜欢鲜亮明丽，不喜欢看到邋邋遢遢的样子。3点钟之前，佣人们已经准备好了茶水和点心，大家进门脱下外衣挂好，先进餐厅，坐在大圆桌前喝茶、吃点心，4点多钟步入'战场'。

在顾维钧生命中的最后10年，严幼韵发现朋友们越发重要起来。哥伦比亚大学为顾维钧做的口述史项目结束之后，他完全卸下了工作任务而一下子腾空了，这位一辈子都在工作、奋斗、思考中的老人，似乎有些无所适从，越来越茫然、健忘，更需要用麻将来填补空白。于是严幼韵安排他们一周玩三四次。有时候只有一桌，赌注也很小，每手3美元左右。有时候宾客众多，甚至有5桌人同时打麻将的阵容。不管人数多少都是遵循同样的惯例，下午3点半左右开始，大家先用些茶水点心，晚上12点前结束，中间吃晚饭休息一会儿。顾维钧非常期待这些活动，一旦坐到麻将桌前他就恢复了生气，兴致勃勃地跟大家开些小玩笑，甚至他无意中留在世上的最后一句话，也是关照叫人来打麻将的。"

1985年11月14日，顾维钧边洗澡边和严幼韵聊天，讨论第二天请哪些

从左至右：丽莎·穆、李丹秋（莎莎）、张林和周安在严幼韵的百岁寿宴上

客人来打麻将。严幼韵问了一个问题，没有听见回答，她走进浴室发现顾维钧蜷缩在浴垫上宛如熟睡。他享年97岁，两人一起生活了26年。

1990年，严幼韵向顾维钧的家乡——上海嘉定博物馆捐献了顾维钧的155件珍贵遗物，还为建立顾维钧生平陈列室捐献10万美元。上海，是两个人共同的家乡，也是他们共有的文化基因。

每天都是好日子

严幼韵与杨光泩的3个女儿都很出色。其中，长女杨蕾孟是资深编辑，经手出版了《爱情故事》《基辛格回忆录》等250多本书，担任过美国著名的出版社总编。次女杨雪兰，是卓有成就的企业家，最具影响力的亚裔女性之一。1989年成为美国通用汽车公司历史上唯一的华裔副总裁，她在别克轿车落户上海项目上起了关键作用。杨雪兰的妹妹杨茜恩52岁因病去世时，身旁的亲朋好友都担心严幼韵受不了，结果严幼韵则告诉杨雪兰："你要记得，她之前是很快乐的。"

晚年，许多之前星散各地的亲友都会来纽约看望严幼韵。一些之前定居中国的朋友也随着赴美签证放开，开始到美国看望严幼韵。从严幼韵90岁开始，她的后代开始筹备盛大的生日聚会。随着她年纪越来越大，生日宴会的规模也越来越大。2003年，严幼韵被查出大肠癌，几乎以为自己大限将至，但经过手术后恢复如初。几个月后，严幼韵就和主刀医生，在自己98岁的寿宴上一起翩翩起舞。这位昔日上海滩的美女，在100岁生日宴会上，还都坚持穿高跟鞋、涂指甲油，穿一套旗袍亮相，而和小女婿唐骝千的舞蹈，也成为她生日宴会的保留节目——这不是年轻时代，那种和朋友一起玩乐时展示青春的舞蹈，也不是成年后在社交活动上彬彬有礼的舞蹈，在一百岁之际，这样一生日宴会上的舞，是向生命本身的礼赞。这是"生命以痛吻我，而我报之以微笑"的舞蹈，令观者无不动容。

徐景灿和作家朋友宋路霞这样描述过她们亲历的严幼韵109岁生日宴会，她们称之为"大派对、中派对、小派对"：

"2014年9月28日原本不是什么节日，但是对住在纽约市中心的一些资深老华侨来说，却是一个节日，因为他们的老朋友，抑或他们父母辈的老朋友、顾维钧先生的夫人严幼韵女士已经109岁了。自老人家90岁生日起，她的后代们每年为老人精心操办生日大派对，地点设在纽约最著名的大酒店，不是华尔道夫、皮埃尔大酒店，就是洛克菲勒中心顶层的彩虹厅。到时候亲戚朋友们像过年一样衣冠华彩、喜气洋洋地前来，前呼后拥，非常热闹，每年都有200多人。这时候女眷们最忙碌，她们早就在精心准备出席这个派对的服装和首饰了，不少人从上海或香港专门定做了礼服，每

严幼韵和她的宠物狗

次都不同样，因为这是纽约华人最大的家族派对，被邀请者无不感到非常荣幸。

岁月如流水，严幼韵的生日大派对不知不觉已持续了19年。严幼韵老人看上去没有太大变化，依旧胖乎乎笑眯眯的弥陀相，还能站起来，在满头白发的女婿唐骠千先生陪伴下，在众人的簇拥下，到舞池中央跳上一两支曲子，而且踩点相当精准。但是前来祝寿的老朋友们基本上已经换了一代人，眼前的老华侨大多已'奔八''奔九'，他们的上一代都是顾维钧、严幼韵夫妇的老朋友，很多都是老上海的一代名门闺秀。现在，老一代人大多逐年辞世，有的即便还在世但已不能出门，就由他们的儿女辈甚至孙子孙女辈作代表，前来出席这一年一度的盛大派对。

前几年坐在主桌她身边的还有孔祥熙、宋霭龄的大女儿孔令仪、黄雄盛夫妇，她青年时代的好朋友、贝祖贻先生的夫人蒋士云女士，贝祖贻的大儿子贝聿铭夫妇。后来在她身边入座的则是宋子文的大女儿宋琼颐、蒋纬国的夫人蒋邱如雪、朱如堂的女儿朱蕴琼、蒋士云大姐蒋织云的儿子唐汉堡夫妇，还有纽约著名的扬州楼饭店老板汤英揆先生。之所以扬州楼饭店的老板也能上主桌，这也有道理。因为严幼韵历来喜欢吃上海菜、淮扬菜，是扬州楼的常客，每次老人家'驾到'，汤老板深以为荣，总是忙不迭地前来亲自布置一切，他们早就是老朋友了。

老人家长寿，德高望重，她的生日派对成了纽约华人界的一道亮丽风景，有时中国驻纽约总领事馆总领事也携夫人赶来参加。

每年她生日大派对的前一天，还有一个'中派对'，也有百十号人参加，内容比大派对简单，没有乐队、舞会和表演节目，主要是聚餐祝寿，是顾维钧先生的子女儿孙为老人家举办的。

大约从老人家100岁生日起，她的生日派对无形中成了一个系列，有大、中、小一套。大派对是指老人家的女儿女婿杨蕾孟、杨雪兰、唐骝千为老人举行的生日派对，亲朋故旧和孩子总有200多人参加，除了宴请，还有酒会，孙辈、重孙辈表演节目，向老人家献花，全体人员合影，最后还有舞会。到舞会的高潮时，老人和孩子们都可以尽情地'疯'到极点。因为这个派对规模很大而俗称'大派对'。中派对俗称'顾家派对'，由顾维钧先生的外孙女钱英英、孙子顾植义、孙媳何萍清具体组织操办。除此之外，还有一个小派对。

小派对与大派对和中派对要隔开几天，设在严幼韵家里，是由'历朝历代'为她服务过的管家和佣人们为她举办的。有的佣人现在已经当外婆了，早已离开严幼韵家许多年了，有的已经去大公司工作，事业发达，家庭幸福，但是每到严幼韵过生日，他们总是不约而同地赶过来，大家一起涌进厨房，卷起袖子烧饭烧菜，钞票也一起分摊，为老人家举杯祝寿。小派对的宾客通常是严幼韵的子女和几十位常来打麻将的至亲好友，菜肴是佣人们拿手的顾府私房菜，龙虾色拉、陈皮牛肉、苔条小黄鱼、素什锦……敬酒、吃菜、点蜡烛、吹蜡烛、切蛋糕、大家齐唱生日快乐歌……程序一样都不少。

12年前老人家身体有所不适，这些佣人们也是'集体出动'，她们会自动组织起来，轮番陪夜值班，奔前忙后，直至老人家康复。他们都是亲身体验过严幼韵式的'体贴他人''助人为乐'精神的。他们初到顾府时，往往都是一家两口或三口全体入住，囊中羞涩，英语也不会说。严幼韵总是主动承担起他们孩子的学费，帮助他们入读理想中的学校，甚至为之买电脑，鼓励他们发奋成才，到了生日还给他们过生日。艾米夫妇的女儿丽莎是在顾府出生的，严幼韵、顾维钧夫妇像宝贝自己的孙女一样宝贝她，一旦艾米夫妇外出，严幼韵就很高兴地当上孩子的'保姆'……"

严幼韵外甥女徐景灿的朋友、也是杨雪兰好友的上海知名主持人曹可凡说过，他听说过的严幼韵，"老太太通常一周只有周三和周六会见人，她很注重礼仪，见客要梳妆打扮。老太太爱跳舞，是社交圈有名的Juliana（严幼韵英文名字）。她每年生日会上的保留节目就是和女婿唐骝千跳舞。去年（2016年）老太太111岁生日，一开始她说年纪大了就取消吧，结果当天宴会上她又说，'怎么没人请我跳舞啊'。于是当晚，111岁高龄的严幼韵在舞会上起舞的景象，给很多人留下了深刻印象。前来参加盛会的还有建筑设计大师贝聿铭、钢琴家郎朗等人。这是每年纽约上层华人社会的盛会。老太太的一个爱好是打牌。"曹可凡称，严幼韵晚年的生活除了整理自传，就是和好友打牌。每次打牌，严幼韵也要穿着考究的旗袍。"他们通常打牌都是下午3点左右，先一起吃点点心，两个咸两个淡，然后打到傍晚7点。家里有个苏州阿姨烧家常菜，4个冷盘6个热炒，吃完后继续打，大概打到晚上11点左右。老太太当时眼睛不大好，看人会有些费劲，但是看牌特别准，聚精会神，不会出错。顾维钧先生一直到去世那天都有记日记。他去世那天，日记上有这么一句，'It is a long, quiet day'。我觉得这句话用在老太太一生，也非常合适。It is a long, quiet day。"

这些文字和身边人的回忆，记录下这位昔日上海滩大小姐在纽约寓所的岁月。

能亲手做龙虾沙拉，始终思路清晰

　　复旦大学历史系教授、复旦近代中国人物与档案文献中心主任吴景平，曾于2009年应邀赴纽约严幼韵女士公寓访问过她，品尝过当时已过100岁的严女士亲手做的甜点。在吴景平眼里，"严幼韵可以说是整个20世纪和21世纪前10多年的亲历者。她历经社会变迁，见证了中国这些岁月的重大变故和发展。她本身在复旦求学，通晓中西文化，是难得的终身不懈前行的女子。"吴景平评价，"她的阅历也是留给中美两国宝贵的财富。我们要珍惜她走过的路，尊重她当时所看到的世界。"

　　复旦大学历史学系教授、复旦大学中华文明国际研究中心主任金光耀也和严幼韵有过两面之缘。一次是在2000年，刚在复旦举办了顾维钧外交讨论会的金光耀前往纽约向严幼韵报告会议情况。当时金光耀还计划出一本顾维钧的画传，还带着不少细节问题。"她思路非常清晰，一一告诉我照片上这是谁，那是谁，照片拍摄时的场景是什么。"为了看清楚照片上的人物，严幼韵还自己搬了木板凳坐到沙发前。后来，还亲手做了点心招待金光耀。第二次见面是在2006年，顾维钧画传也到了最后出版阶段。"当时她已经年过100岁了。那一天她还自己做龙虾色拉给大家吃，我们又聊了半天。" 在金光耀的印象里，严幼韵当时看起来只有80岁的模样。她清晰的思路和洪亮的声音令金教授尤为震撼。"老人家还和我说20世纪30年代的上海话，特别地道。"严女士的话让金教授感到亲切。

　　在金光耀眼里，"严幼韵是中国近代以来逐步向世界开放的新一代女性的代表。我们在20世纪20年代才开始有女大学生，当时大学教育并不普遍，而她是复旦第一代女大学生。后来她嫁给了外交官杨光泩——少数的被国共两党都认可的抗日烈士。严幼韵开始了外交官夫人的生涯，在近代中国对外关系史中也留下了她的印记。尤其是马尼拉那段历史。严幼韵带着其他领事官员太太艰难生活。"金光耀称："她的个人经历也融入了整个历史。"

　　作为复旦大学教授和《顾维钧传》作者，金光耀还在严幼韵去世后接受采访时说：与"顾维钧遗孀"这个称呼相比，顾严幼韵实际上更适合"中国新时期女性代表人物"这个称呼，"把她放在新中国历史背景下，她这样一个出身名门、第一批读大学的女性，应当是新一代女性的代表。"

100岁的时候，严幼韵还能看书读报，打麻将，烤蛋糕，甚至还能做点心。在能出门的时候，她还喜欢去超市购物。她喜欢结交新朋友，其电话簿上常用的号码就有六七十个。几十年来一直没变的是她仍然穿高跟鞋、用香水。每个星期都要打几次牌，从下午3点半一直打到夜里11点多。

2005年9月25日，在洛克菲勒中心顶层彩虹厅她的百岁寿宴上，应众人的要求，穿着高跟鞋、粉色旗袍、腰杆笔挺的严幼韵，在身穿白色旗袍的杨蕾孟的陪伴下，上台发表了演讲。她说："我从来没有做过演讲，但在百岁之时至少应该尝试一次。对于我的长寿秘诀，大家都有自己的看法。事实上，答案就在这个房间里。拥有如此众多的朋友和家人，我感到非常幸运，许多人都是克服种种不便来到这里的。我很高兴每年有一次这样的机会，使杨家和顾家子孙从世界各地团聚在这里。其实不止生日，一年中很多年轻朋友尽心照顾我、招待我。几个星期以来，他们一直在庆祝我的生日。

我只有一个秘密：乐观。不要纠结于往事，多花些时间思考如何创造更美好的未来。在我一生中，不管遇到何种困难，我总是认为会有人伸出援手，事实也的确如此。所以我要感谢在座的所有人，我的家人，顾家和杨家子孙以及我的朋友们，你们从世界各地赶来，你们才是我长寿的秘诀。"

109岁之际，严幼韵在其《一百零九个春天：我的故事》一书的前言《致读者——写于一百零九岁本书英文版出版之际》中写道："我对自己的生活很满意，身体康健，幸福快乐。当人们问我'今天你好吗'的时候，我总是回答'每天都是好日子'。"

2015年5月，《一百零九个春天：我的故事》在复旦大学举行首发式，在会上，她的二女儿杨雪兰告诉记者，"母亲是润滑剂，大家都爱她。我小时候没感到什么痛苦，只有爱"。

112年传奇虽然已经谢幕，但这位旗袍美人的精神永存。严幼韵说，她长寿的秘诀是："不锻炼、不吃补药、最爱吃肥肉、不纠结往事、永远朝前看。" 而严幼韵的女儿杨雪兰则说，母亲的人生秘诀是，"一个杯子不是半空的，而是半满的"。

金泰钧：鸿翔后人的旗袍情缘

　　金泰钧，1930 年生于上海，其父亲金仪翔和伯父金鸿翔为上海知名度最高、规模最大的鸿翔时装公司创始人。鸿翔时装公司也是沪上第一家由中国人开办的专营女子时装的特色店。

　　1944 年，金泰钧进入鸿翔时装公司。1956 年进入上海市服装公司，担任高级商品研究组组长和第一任出口服装技术总负责人。1962 年开始在上海第十五服装厂工作，一直负责对外服装出口的技术管理工作。1982 年调任上海市服装研究所副所长，参与新中国第一支时装表演队的组建活动和外事接待等工作。1985 年在上海二轻局职工大学创办服装设计与工程专业。后成为上海纺织工业职工大学服装教研室主任，后成立服装分校，任副校长。1995 年退休。

　　2009 年，"海派旗袍制作技艺"入选上海首批市级非物质文化遗产名录时，多年来始终从事旗袍制作的金泰钧成为市级代表性传承人。

金泰钧夫妇
订婚照

楔子

1944年，金泰钧14岁。他说他要上班了。

别人以为，这个含着银勺子出生的鸿翔时装公司少爷一定会在父母的荫护下继续升学、留学，或者最起码，在上海滩到处再玩几年。但他却来到父亲的店堂，说自己要开始上班。那么小，他就那么有主见地坚持说："我要学的服装设计，没有一所学校能教会我，去店里就是去了最好的课堂。"他是对的。毕竟，老上海人谁不知晓——鸿翔，是沪上第一家由中国人开办的时装特色店。

1944年，是鸿翔时装的巅峰期，也是上海西式时装的黄金年代。在很长一段时间里，南京西路上鸿翔时装公司的橱窗，就是上海时装的风向标。那时，上海的先生、女士们，以穿上鸿翔的大衣和礼服为荣。鸿翔的衣服，就是得体和不出错的象征。南京西路863号，这个门牌号就是金泰钧的家、他的课堂、他的乐园和盛放所有青春回忆的地方。

65年过去了。整整65年，金泰钧从14岁开始拿起的金剪刀再也没有放下。在2009年，当"海派旗袍制作技艺"入选上海首批市级非物质文化遗产名录时，多年来始终从事旗袍制作的金泰钧当仁不让，成为市级代表性传承人。

贯穿其青少年时代，曾经是他生活一部分的旗袍，如今又将从他的手里延续下去。金泰钧似薪火相传的接力赛中接过棒的一员；也好像是在历史长河上，守着桥梁连接两端，招呼互通往来的一员。金泰钧为上海续上了旗袍文化的文脉。

上海现有的179个市级非遗项目中，"海派旗袍制作技艺"因和市民生活贴近，仍存有强劲生命力，而在这强劲的生命力里，有来自上海这座城市的强大文化基因为背景。金泰钧和他的家族，是这生生不息的，强大基因里的一环。从青春少年到八旬老人，金泰钧见证、参与并引领了服装在上海变迁的一个甲子。纵观整个上海滩，如他那样资深的人，屈指可数。

而由他讲述的旗袍故事，格外意义非凡。

"拎包裁缝"的故事，就是上海梦的故事

海派旗袍，不是一般意义上的满族旗人服饰，而是东方旗袍和西式剪裁，在上海这块魔都的场域上，碰撞交汇，继而发生的一次最美丽的融合产物。它不仅是女性服饰流变史上的一次创新尝试，也是对那个年代，海派文化的直观写照。

金老说起海派旗袍的发展历史如数家珍。在一次讲课中，他说道，他长年研究发现，旗袍是满族衣饰的一种，由清朝统治者带到中原，当时有个规定就是三从三不从：男从女不从，俗从僧不从，生从死不从。所以，实际上，汉人真正穿旗袍是民国以后的事情。今天可以看到的1919年"五四运动"照片中的女学生穿的都还是两件式的裙裙。旗袍改良是在1920年以后，从开埠通商、中西杂处、西风东渐的上海开始的，期间经历了相当长的一段时间才逐渐定型。这其中有两个标志性的革新：一个是宽袍大袖逐步减小，二是服装轮廓逐渐贴身。到20世纪40年代中期，装袖，收腰省，线条也更为柔和。所以说，海派旗袍是满族衣饰的变体（或称改良），其实质是风靡一时的女式时装。

要说到海派旗袍和上海的时装，鸿翔时装这个金字招牌，是绕不过去的存在。而这，也正是金泰钧祖先的发迹故事。

海纳百川的上海，总善于嗅到风气之先。

19世纪初期，随着外侨在沪人数增多，西服的需求量陡增。起初，外侨妇女需要添置的女式西服，一般由专做男式西装的西服店兼做，或者，由苏广两地成衣业的中式裁缝仿样缝制。随着来沪外侨妇女人数增加，女式西服需求量扩大。当时，女式西服工价高，收益多，一批中式裁缝开始转行做女式西服。逐渐，形成一支名为"女式红帮裁缝"的专业队伍。

起初，这些女式红帮裁缝都为个体手工业者。自量、自裁、自缝，在里弄内设小型作场，收几个徒弟做助手，自己上门量体裁衣，成衣后送货上门，或带着徒弟到顾客家里缝制。业主常拎着一个包裹，携带量裁工具、衣料、成衣，往来于顾客家中兜揽生意，故称"拎包裁缝"。

清光绪十二年（1886年），上海"拎包裁缝"在城隍庙轩辕殿后面

金泰钧在私家花
园留影

设立公议同行事务的场所，取名"三蕊堂公所"，这就成为上海时装业
同业公会的前身。20世纪初，女式西服在华人中逐步流行，政界、经济
界上层人士的家眷开始穿着，在文艺界和社交界也广为流行。此时，日
后被称上海最早缝制时装的"开山鼻祖"赵春兰出现了。

从赵春兰到金鸿翔

在上海，不得不说，有许多文化的交融，始于传教士的到来。在没有互联网的时代，文化的交融，需要人的流动。在当时的上海滩，现代意义上的艺术，包括现代乐队、现代体育、现代服饰灯，都受到传教士带入的西方文明的影响。而善于兼容并蓄的上海，并未一味复制，而是从中借鉴吸收，博采众长。这其中，体现度最好的，就是服饰。

清朝末年，一个叫赵春兰的男孩，开始走上一条裁缝之路，以他为样本，将折射出当时上海发生的一系列变化——这个原籍江苏省川沙县（现属上海市）唐墓桥（现唐镇）黄家宅的男孩，从小继承父业，学习本帮裁缝。20多岁时，到上海城内（原南市区）一家成衣铺做客师。

清道光二十八年（1848年），美籍传教士台维斯请赵春兰做女式西服，一来二去，传教士发现，这个上海小裁缝思路清晰、善于拥抱新事物，而赵春兰也未像同时代的其他裁缝一样，对洋人的到来有过多抵触，或者故步自封。赵春兰敏锐地发现，在华洋人对服饰的需求，将是一片亟待开发的广阔的商业蓝海。他虚心向传教士请教，并开始自学英语对话，由于合作愉快，很快，传教士开始将赵春兰介绍到其他洋人家中承接做衣业务。

聪明的赵春兰非常善于抓住机会，他很快学会了西式裁剪，开始认真研究西式女装，并学会了一些交际英语。3年后，这个还留着清朝辫子头的男孩，作出了人生至关重要的一个决定——跟台维斯去美国学艺。这在交通不便、文化隔阂的当时，简直如一个地球人决定去火星那样惊心动魄。而这份勇气，也将回馈给这个小裁缝前所未有的眼界和丰厚的商业回报。

赵春兰一年后回国，已经是当时上海滩绝无仅有地拥有留美背景、拥有现代商业思维和设计理念的裁缝。他自设洋服铺于南市曲尺湾，并收同乡子弟为学徒，开始传授女式西服缝制技术，服务对象也从洋人发展到上海上层社会的妇女。上海人管西式男装叫西装，管西式女装叫时装。由赵春兰开始，时装在上海有了源头和始祖。日后，赵春兰徒弟中的许多人，都成为上海时装界的领军人物。赵春兰的弟子中，有一位叫张云洲的裁缝，他的徒弟张明其又收徒弟金鸿翔和金仪翔兄弟。这同样来自川沙的金家二兄弟，在1917年创设鸿翔时装公司，开始了"中衣洋化"的改革。

从静安寺路863号开始

金鸿翔(1895—1969),原本的名字土土的——叫金宝珍,也有人叫他金毛囝。名字土里土气的,但志气却如鸿鹄一般,有着气冲云霄的目标。

这个来自川沙的小伙子,自幼家贫,13岁时就随着同乡在中式成衣铺当学徒,后来和弟弟金仪翔一起开始学习西式裁缝。据上海档案馆所保存资料,金氏兄弟,应属于时装业"开山鼻祖"赵春兰的第四代传人。

资料显示:在同乡的中式成衣铺,金氏兄弟主要学习了软货制作。满师后,金鸿翔又应舅舅的建议,去了海参崴其舅舅处学习硬货制作。第一次世界大战爆发后,金鸿翔父母催其返沪。经人介绍到一家叫"悦兴祥"的西式裁缝铺工作。"该店拥有众多外国商客,鸿翔极为有心,勤奋工作的同时,特地用心记下了客人的姓名地址。为了便于与洋人的交流,鸿翔每天晚上还到夜校学习英文。总之,从一开始,金鸿翔就显示出了其不同于一般人的豪迈志向。"

1917年春,金鸿翔借600银圆做流动资金,在静安寺路(今南京西路)863号租借了一开间铺面开设鸿翔西服公司,由此创立"鸿翔"品牌。不过最初公司,并不叫"鸿翔时装公司",而是"鸿翔西服公司",并专设有"时装部"。起初,店面的规模很小,只是两兄弟加上几个徒弟。但由于两兄弟非常有眼光地认识到,光靠廉价竞争是不足以成大器的,因此他们开始在产品规模、产品质量和服务质量上狠下功夫。在准确的发展定位和员工的勤奋刻苦双重努力下,很快,鸿翔的店面从最初的一开间变成三开间。再从三开间发展成为在原址上建立3层楼的钢筋水泥结构小楼。

据说,创业初期,"鸿翔"同其他众多的小规模成衣铺一样,兄弟俩带着几个徒弟,做来料加工生意。白天两兄弟分别外出接单,晚上则和几个徒弟挑灯夜战。多年的学徒生涯,为兄弟俩打下了扎实的技术功底,而且无论是中式西式,软货硬货,两人都有着胜人一筹之处。而在服务方面,两人任劳任怨,虽文化不高,却深知"顾客就是雇主"的道理,与顾客交往,实事求是,绝不会以次充好,或者乱抬价格。正是凭借着出色的手艺,诚实周到的服务,"鸿翔"很快赢得一批忠实的顾客。

在那个一切还靠"口传"的年代,"鸿翔"的名声很快一传十,十传百，而且顾客层次越做越高，吸引了众多的政府官员夫人如旧上海市长吴国桢夫人黄卓群，富商巨贾女眷，社交名流，电影明星。电影明星中，胡蝶、白杨、张瑞芳、李丽华、陈云裳等，京剧界的名角言慧珠、童芷苓等，还有梅兰芳的夫人福芝芳等都是鸿翔常客。鸿翔对这些挑剔的客人，总是尽力满足，帮助他们挑选到精益求精、品质上乘的衣服。同时，金氏兄弟也对产品的质量严格把关。金泰钧记得，父亲金仪翔要过问每一件高定服装，做到精益求精。这样的理念和管理，帮助鸿翔快速发展，很快成为当时上海乃至全国有名的规模最大、知名度最高的女子时装商店。

1927年，鸿翔已经成为一家有200名左右职工的大型公司。这一年，金鸿翔倡议在三蕊堂公所的基础上成立上海市时装业同业公会，并任理事长。会员有70余户。1928年，在亲友的资助下，鸿翔把原房翻建成6开间3层楼的新式市房，铺面做商场，2楼为贵宾室，3楼设工场。内设柚木地板和装有暖气设备的豪华试衣间。1932年，又在南京路(今南京东路)754号开设鸿翔公司分店，即今日鸿翔时装公司(东号)。全盛时期，雇有职工400余人，分工为店员、采购、裁缝三大类。同时公司改名为"鸿翔时装公司"，并以定做女子西服，也就是时装为主业。

兄弟金仪翔与金鸿翔合作，创造立体裁剪法，成衣贴体不走样，有"天衣无缝"的美称，开创了中国妇女时装的风格。在管理方面，金氏兄弟也特别重视商店信誉，除了保证质量，交货准时之外，还特别重视服务周到。如发现偷工减料或营业员得罪顾客以及有损店誉的行为，立即解雇。此外，鸿翔还率先发行购物礼券。这种创新的揽客做法大大提升了对顾客的吸引力，也扩大了鸿翔的影响力。

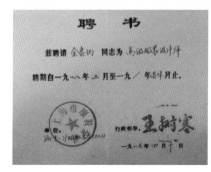

上海市服装公司聘任金泰钧为高级服装设计师

1988年金泰钧获得高级工艺美术师资格

为电影皇后量体裁衣

随着鸿翔招牌的声誉日隆,一些影视界名流,开始光顾鸿翔。而鸿翔也因势利导,通过为明星们量体裁衣,扩大自己的知名度。

1933年,在美国芝加哥国际博览会上,鸿翔参展的6件旗袍获银质奖。"电影皇后"胡蝶结婚时,鸿翔为她精心设计了一件绣有百只彩蝶的中西合璧式礼服。在婚礼上,礼服大放光彩,鸿翔也声名鹊起。之后,金鸿翔又约请胡蝶在百乐门舞厅穿着鸿翔礼服演舞,增强鸿翔公司的声誉。1935年胡蝶访问欧洲,鸿翔向她提供了百套时装。这样的明星效应,将鸿翔的名字进一步广而告之,风头一时无二。

鸿翔,也通过这样一步一个脚印的实践和探索,脱离了同乡加工的裁缝小铺子,真正成长为一家颇具规模的大公司。1930年代是上海旗袍的全盛时期,旗袍改得更加合身、袍长与袖长出现了不同的长度。袍长在小腿中以下。与此同时,也对旗袍的领角、吸腰、臀部与下摆部位增大弧度。使得衣服更加女性化,金泰钧说,这也为以后旗袍适应时代潮流与时尚奠定了基础。不过这一时期,旗袍的剪裁虽然更为合身,但整体的剪裁结构方面仍然是中式的,即:无肩缝、无装袖、无收省等。

1936年,国内抵制日货运动高涨,人们对本土品牌的依赖度前所未有地增加,北大校长蔡元培来沪时曾在鸿翔公司制衣,亲笔题赠"国货津梁"匾额。同年,金鸿翔获悉英国伊丽莎白公主即将举行婚礼,特精制大红缎料中华披风一袭,满刺金线,极尽描鸾绣凤之巧,由英国驻上海领事馆转赠公主。事后,英领事馆送来由英国伊丽莎白公主亲笔签名印有"白金汉宫"字样的谢帖。

上海市手工业管理局任命金泰钧同志为时装设计师

上海时装的黄金年代

那一段时间，也是西服和时装在上海的全盛时期，昔日的拎包裁缝，纷纷开设实体店。沪上的时装业蔚然成形。

资料显示：1937年"八一三"事变后，外地一些富裕人士涌入上海租界避难，穿着时装者增多，时装店大批开设，到抗日战争胜利时已多达200多家，比1937年前增加1倍。抗日战争胜利后，女子时装进一步普及，到1948年，全市时装店已发展到439家，逐渐形成了经营高、中、低不同档次的时装商店和时装街。静安寺路（南京西路）有时装店34家，主要经营高档时装，以社会名流为主要供应对象；同孚路（石门一路）一带有时装店64家，经营绣花内衣为主，以外侨妇女为主要供应对象；霞飞路（淮海路）有时装店56家，经营中档时装，以中等生活水平的顾客为主要服务对象；福州路、湖北路一带多妓院，有时装店52家，经营档次比较低的时装，供应对象主要为"欢乐场"中的妇女和一般劳动人民。

袍这种上衣下裳连属的长衣，也在上海发生美丽的蝶变。

袍较早的形式称"深衣"。西汉女袍是曲裾襟长袍，只做家居晏服。东汉明帝时准许将袍列为礼服，直到清代。古时女袍基本是长方形造型；领型有圆领、交领、立领之分，上海地区交领为多；门襟分为斜襟右衽及对襟两类；袍为长袖，袍身可短至膝，长可及脚面。用料随着社会生产发展，不断变化。上海位于盛产丝绸的苏、浙之地，松江又为棉纺中心，故上海女袍多以丝质、棉织为主要衣料。

到了清代，旗袍为旗女官定长袍。清初旗袍较为紧窄，利于行动，中后期变得极宽大，腰身为筒式，圆领右衽，领子有高、低之分，高可达7厘米左右。旗袍的领、袖、衣襟、衣摆等处，都有装饰，往往绣各种花卉、蝴蝶、蝙蝠、人物故事等吉祥图案。旗袍有单、夹、棉、皮之分，按季节不同更换；同时，旗袍长度与时代的变化、消费观的更新有关。

1920年代旗袍长度缩短几近小腿，以轻便朴素见长。1930年代初随社会安定与经济发展，服装趋于豪华，而高跟皮鞋的流行，又促使旗袍长度陡然加长。及至1930年代末1940年代初长度又迅速回缩至小腿。色彩随季节转移，深浅浓淡、五彩缤纷。一般汉族妇女也以穿着旗袍为时尚。

工作中的金泰钧

旗袍经过改造，不但充分展现女性苗条的身材，更能表露东方女性端庄、高雅的气质，享有中国女性的"国服"之美誉。

而海派旗袍的独树一帜在于，1920年代中期到1950年代初，旗袍不仅是上海妇女日常居家的穿着，也是上海妇女主要出门服装和礼服。在上海，更是得天独厚、得风气之先，大量妇女开始离开深闺、出门求学、就业，参与工作、争取权益，获得独立的经济地位和权利，她们需要得体的、利于行动的服饰。此时，海派旗袍成为她们最好的选择。在西方服式的影响下，海派旗袍不断修改。

如今看来，主要是从筒式改为S形；立领逐渐减低为窄领；衣袖时而短及于肘，甚至无袖；袍衩高低及袍身长短，都可随风尚而变易。一时之间，男士着西装、女士穿旗袍，成为上海滩最正式也是最常见的服饰。上海虽不是旗袍的发源地，但却是让旗袍流行全国、闻名世界的发祥地。

见证宋氏姐妹穿旗袍

1930年4月，金泰钧出生在父亲和伯父在吴江路202-206号一幢1928年建造的石库门房子里。长大后就读于当时英租界的育才中学。当时上课，老师均用英文授课，教材全部是英语的。由此，金泰钧掌握了大量英语词汇，很快就能看懂英语原版的时装杂志和服装教科书。

从小，金泰钧就跟着父亲金仪翔进店。还曾亲眼见过宋氏家族中的两位姐妹在南京西路店里挑选外套大衣。

这两位举足轻重的女士，待人也十分和气，毫无架子。金泰钧记得，宋美龄到店里来的时候，穿一身不起眼的阴丹士林旗袍，挑选了一套低调的外套大衣。而宋庆龄则常常来，有时，她还会和店员打趣，说自己不如两位姐妹有钱，可否"算我便宜点"？

宋庆龄，祖籍广东文昌，清光绪十九年(1893年)出生于上海。早年在上海中西女塾求学。1909年，赴美入威斯里安女子学院，获文学士学位。1914年，任孙中山秘书。1915年，她与孙中山在日本结婚。1916年，随孙中山来沪，协助改组国民党。孙中山逝世后，曾任中国国民党中央执行委员、国民党革命委员会名誉主席和国民政府委员。两次当选国际反帝同盟大会名誉主席，后为世界反法西斯委员会主要领导之一。宋庆龄坚持孙中山的"联俄、联共、扶助农工"的三大革命政策，与国民党右派进行斗争。

1925年，上海发生"五卅"惨案，全国掀起反帝爱国运动的高潮。宋庆龄立即发表谈话，谴责英、日帝国主义暴行，号召全国人民共起奋斗，为民族争独立。她创办出版《民族日报》，还与沈仪彬、于右任等人组织"五卅"事件失业工人救济会。

1932年，宋庆龄与蔡元培、杨杏佛等在上海组建中国民权保障同盟，任主席。她还保护、营救了陈赓、廖承志等大批中共党员、爱国民主人士和共产国际工作人员牛兰夫妇等。翌年5月13日，她在上海发表声明，并与蔡元培、鲁迅、史沫特莱等向德国驻沪领士馆递交抗议书，抗议希特勒迫害德国进步人士及犹太人的法西斯暴行。1931年"九一八"事变，宋庆龄在上海《申报》发表《宋庆龄之宣言》，谴责国民党残杀邓演达、镇压爱国学生运动等法西斯暴行，揭露以蒋介石为首的国民党卖国投降活动。

1932年"一·二八"淞沪战争爆发，十九路军顶住国民党政府的压力，抗击入侵的日军。宋庆龄与何香凝同去慰问将士，并捐送大批物资。又与何香凝等人置办一所国民伤兵医院。并以国际反帝大同盟之名，致电世界各国著名进步人士和文化界人士，呼吁支持中国人民抗日。1933年秋，宋庆龄和中共江苏省委共同组织的世界反战委员会在上海召开远东泛太平洋反对帝国主义战争大会。大会通过决议，反对帝国主义、国民党对苏区红军的五次"围剿"。1934年，她在上海成立中国民族武装自卫委员会，任主席。1935年1月，她致信美国人民，吁请反对美国政府干涉中国内政。12月，北平爆发"一二·九"学生运动，宋庆龄即捐款资助。

1936年，宋庆龄在上海被选为全国各界救国联合会执行委员。国民党政府勒令解散，她不予理睬，反而致函赞扬救国联合会领袖沈钧儒等"宁愿坐牢不愿卖国"的爱国精神。同年10月，出任鲁迅治丧委员会委员。11月，她和救国会领导发表《告全国人民书》，抗议国民党政府非法逮捕"七君子"。次年6月25日，她扶病赴苏州高等法院"守候传讯"，掀起了一场"爱国入狱运动"。上海"八一三"抗战爆发，宋庆龄支持中共建立抗日民族统一战线主张，抨击蒋介石的反共政策。

1937年12月，宋庆龄接受中共中央的建议，离沪赴港。1938年6月，她创建保卫中国同盟(简称保盟)及上海分会，任中央委员会主席。保盟向国内外传播八路军、新四军抗日情况，披露"皖南事变"真相，还募集资金支援八路军、新四军抗日活动。抗日战争胜利后，保盟更名为中国福利基金会。1945年12月宋庆龄返沪，领导中国福利基金会继续从各方面支援解放区。同时，她还领导上海地区的救济和教育儿童的工作，帮助湖南、广东、福建等灾区生产自救，全国有5000名儿童得到资助。1949年4月，她把基金会的有关物资提供给上海临时联合救济委员会，以迎接上海解放。

新中国成立后，宋庆龄历任中央人民副主席、中华人民共和国副主席、全国人大常委会副委员长、全国政协副主席、中华人民共和国名誉主席、全国妇联名誉主席等职，代表中国多次出访各国。曾被选为世界保卫和平委员会执行局委员。1950年4月，宋庆龄创办新中国最早的儿童杂志《儿童时代》半月刊。8月，将中国福利基金会改名为中国福利会。1951年，她把所得斯大林国际和平奖金10万卢布捐赠给中国福利会，在上海扩充和创办了国际和平妇幼保健院。1952年创办《中国建设》杂志，向国外报道中国建设情况。1953年创建上海市少年宫。1954年，她将《为新中国奋斗》一书的稿费捐赠给朝鲜孤儿。1958年，她领导创办的中国第一个儿童艺术剧场在上海正式启用。

无论是和父母一起，还是参与抗日救亡的运动，又或是登上天安门城楼参加开国大典，宋庆龄对旗袍的偏爱，使这服装成为了她个人形象中不可或缺的一部分。

在店员们的印象里，无论是宋庆龄还是宋美龄，两位女士从无浓妆艳抹，衣着总是简朴，不露一丝奢华之气。新中国成立后，宋庆龄也经常到鸿翔购物。对鸿翔的时装，宋庆龄曾亲笔题写："推陈出新，妙手天成，国货精华，经济干城"，对鸿翔服装作了高度评价。

此外，金泰钧还亲自接待过旧上海市市长吴国桢夫人黄卓群。黄卓群是民国时期汉阳铁工厂技师长黄金涛之女，长得非常美貌。据说吴国桢在汉口任市长期间，路过中山大道民生路口，见品芳照相馆的橱窗内挂有一少女照片，照片中的女孩楚楚动人，立即对她情有独钟，并从照相馆老板口中探听到，此女为汉阳铁厂黄厂长之长女名卓群，就读于上海中西女校。吴国桢当即央求做生意的哥哥吴国炳为其牵线。于是兄嫂利用黄卓群放假回汉之际，在汉口美国海军青年会设宴，以酬答黄厂长的支持为由，促成二人相见。后来，黄卓群与吴国桢一生相濡以沫，共同生育二子二女，最后在美国相继去世。

金泰钧回忆说，黄卓群曾经来鸿翔店里，挑选水貂皮做一款披肩，虽然见过许多达官贵人女眷，但对黄卓群的美貌，金泰钧还是印象深刻。

金泰钧获得各种荣誉证书

非常时期，启用犹太籍设计师和模特

14岁初中毕业进店上班后，金泰钧跟随父亲金仪翔和驻店的犹太裔设计师Hirskberg学习时装设计及剪裁、工艺设计。而聘用外籍设计师这一项，也是鸿翔时装的创举和眼光独到之处。

有人考证过这段历史——鸿翔在发达时期，不仅聘用了设计师，还特地聘用了一个"洋"设计师。欧洲19世纪中叶就有了"高级时装设计师"，而中国当时多年闭关锁国，鸿翔经营之时国门开放不久，能够考虑到聘用洋设计师，证明金氏兄弟不愧是眼界开阔之人士。

这位被雇用的设计师，是个犹太人。众所周知，1937—1941年，上海曾先后接纳了3万多名来自欧洲的犹太难民。这些难民中，不乏手艺高超者。金氏兄弟，当时就从"虹口区"的"无国籍难民隔离区"，特地保释出了几位犹太人，并聘请他们到自己的公司工作。一位就是这个专门负责时装设计的设计师，除了设计服装，另外教授当时还是青年的金泰钧时装绘画与设计；另有一位犹太人，则专门做手工花色纽扣的，此人不管用皮、用布包扣，都做得精巧雅致，对于特别讲究装饰的女装来说，这种纽扣常常有着"画龙点睛"之妙。鸿翔另一在当时的中国也开先河的创举，便是特地聘用了一位非常漂亮的犹太女子做试衣模特儿。

金泰钧也提到，自己记忆中，这位相貌出众的白人女模特苗条美丽。每当设计师们设计打样的时候，她预先穿着试衣，提出意见、展示成品。金泰钧记得，当时，犹太难民旅居沪上，父亲和伯伯从中挑选了会裁制衣服的犹太人到店里做职员。这些职员佩戴写有"通"字的徽章，这份来自鸿翔的工作证明，确保他们拥有离开聚集区的特权，可以到南京西路来上班。包括这些犹太人在内，店里的店员都会说英语，以此招揽更多客人。

金泰钧说，当时他办公的座位就在落地玻璃窗旁，转眼就能看到窗外的商铺和人群。"时装特别讲究造型立体感，男装一般裁剪完就可以了，而按照规矩，女装样版完成后，还需要简单的缝合，制成样衣。"通常的裁缝一天可以做两套，做完之后让模特试穿，然后进行修正。"我们常常第一天做完后，第二天回来再检查，主要是看细节是不是到位。"

上海的裁缝们刻苦、认真、灵巧、能举一反三，且善于从实践出真功夫，有的拜洋人为师后，很快裁剪技术已经赶上洋人，非常了不得。金泰钧回忆，有一个英国人前来鸿翔应聘做裁剪师，还出示了自己在英国获得的专业文凭，要求工资是鸿翔师傅的3倍，而金泰钧拿了两张同样的设计效果图，让洋裁缝和鸿翔师傅同台竞技，结果鸿翔师傅早就做完了，洋裁缝还在那边拼命埋头画图。结果当然是鸿翔的师父独占鳌头，而洋裁缝铩羽而归。

宽广的市场，带来大量的就业前景。使得能来鸿翔工作、能到鸿翔做工人，成为了一件在当时十分有吸引力又具有挑战性的工作。有人在考证鸿翔往事时，这样写道：首先，因为接待的客人大部分是洋人或者上层阶级，因此一大半的营业员都被要求会说流利的英语，金泰钧说"他们先要接受3~7年的培训，学会裁剪、缝纫，成绩合格后才能做营业员。收入是按营业额提成算的，如果卖出100件衣服，那么月收入就相当于4.5件的价值。如果换到现在的行情，如果每件服装售价2000元，那么营业员每件提成就是90元。"而作为鸿翔的老板，金氏兄弟也赚得钵满盆满。

赚足第一桶金的金氏兄弟，下班后就回去南京西路离鸿翔的店面不远处的吴江路202—206号的家，分住在一套有三厢房五开间前后两进的石库门中。每日从家到店，从店到家，金泰钧觉得，全上海滩最好的区域就在这一个范围里。不用到外面的世界去看风景，因为当时上海滩最好的风景，就在他面前。

因为从小在育才中学学会了英文，又跟着犹太籍设计师学习、且日常接触的顾客中也有不少外籍人士，因此金泰钧的英语很流利、设计理念也比父辈更为西化。当时的鸿翔公司对旗袍走向时尚化的潮流推动作用功不可没。

年轻的金泰钧投身服装改革的变动潮流中，对设计和剪裁进行了大量改革。包括对旗袍收胸省、收腰省、开肩缝以及装袖。这些改变让旗袍更为合身、更符合当时女性的实际需求和审美需求，也使得鸿翔的成衣推陈出新，受到了许多时髦的达官贵人夫人、小姐的欢迎。

时装公司的公子穿旧衣

俗话说，"卖油的娘子水梳头"。别人都觉得，时装公司家的少爷，肯定注重打扮。大约一天要换3套衣服才算时髦。但其实家教严格的母亲，从不许孩子养成纨绔习气。

有一个故事，很说明金家的家教——一次金泰钧把身上的衣服穿破了，由此恳求母亲允他添置新衣。孰料母亲回答道："不认识你的人，不会评价你的衣服破旧；认识你的人，知道你并非买不起新衣。"别人都说佛靠金装人靠衣装，但时装店的老板娘对自己的儿子，却说出了"人不可貌相"的真谛。一句话打发了儿子，也教会他关注金家立身根本——为客人做好衣服，而不是总想着为自己打扮。

在接受采访的时候，金泰钧也说到，在当时，上海已经非常接近国际时尚，能看到国外的*Vogue*、*Harper's*、*Bazaar*等时尚杂志，还有原版的裁剪书，以及正在上海风靡的好莱坞电影。下班之后，金泰钧常常提早到电影院，找个沙发坐下，一边悠闲喝茶，一边观察来往客人的穿着，电影里国外演员的服饰装扮，他会特地记下，回家再把款式画出来。

起初鸿翔是做西式时装的。金泰钧说：在过去的上海，中西裁缝本来是各自为政的，旗袍本来是中装裁缝的专利，但是由于旗袍消费量实在太大，越来越多的做西式服装的专店也开始做旗袍，老鸿翔也是如此。"主要还是为了方便顾客，因为很多人都是里面旗袍，外面穿西式的外套，到了20世纪40年代中的时候，旗袍已经完全西化，延伸为现在的式样，当时的名称为改良旗袍，也叫中西式旗袍，不像现在统称旗袍。"在金泰钧的记忆里，1940年代后期也是旗袍开始将原来中式平面逐步改为收胸省、收腰省、开肩缝、装袖子，彻底改为西式剪裁的分水岭时期。

旗袍消费量大到什么程度呢？金老先生说："几乎所有年龄的女人都穿旗袍，包括小学生，当时的旗袍有棉的、皮的，各种材质，春夏秋冬，一年四季都穿。穿旗袍的不仅是有钱人家，当年，上海的纱厂女工也都穿旗袍多，因为这样比较凉快。"金泰钧认为，现在的旗袍热有个误区，好像只有在隆重的场合才能穿旗袍。其实，海派旗袍是一种女式时装，20世纪30年代，不管是家庭妇女还是劳动人民，甚至小女孩，只要会站立就开始穿旗袍了，女子学校的校服也是旗袍款。尽管女工和太太们旗袍的料子不能比，但旗袍适应各种场合的灵动性可见一斑。当时的旗袍下摆也比较宽松，乘公共汽车骑自行车都不怕，和朋友喝咖啡看电影打羽毛球都可以穿旗袍。

金老先生回忆起自己结婚时候，爱人除了两套礼服之外，中间还换上了4件旗袍，分别绣着梅兰竹菊的图案。爱人鲍越明女士，是英美烟草公司大中华地区大班鲍定邦先生的二小姐。容貌秀美端庄，身材苗条，一直爱穿旗袍，直到20世纪60年代。而在当时，考究的人家在结婚的时候，也一定会换几套旗袍穿。在金泰钧夫妇的结婚照中，夫人着织锦缎旗袍、戴珠花，他着西装，站在金家位于水城路的私家花园草坪上，年轻无忧，真是一对璧人。

金泰钧介绍说，鸿翔虽然以做西装时装为主，但在老鸿翔，曾有一个小组就是负责专门做旗袍，金泰钧清楚记得"那个巧手庄师傅，率领6~7人的小队专门攻克旗袍。在鸿翔做衣服，价格很高。一般的顾客，如果专门做旗袍，会去外面的小铺子，那时候大部分的小裁缝店都是一个师傅带几个学徒的形式，通常没有像样的门店，很多时候是提供上门服务。而来鸿翔做旗袍的多是有钱人家，他们通常会配套着做，比如做一件大衣，再加一件旗袍。当时做一件长大衣，光支付给工人的工资就有20.2元，还不包括面料，所以一件大衣的工钱至少50元，而旗袍价格大概在10~20元，外面的小裁缝店可能只需要4~5元。虽说在老鸿翔做一件旗袍的价格翻了外面小店几个跟斗，但那时有一种观念一直存在，做旗袍不去龙凤或者鸿翔，那是掉身价的。"

从制作工艺上看，20世纪30年代的旗袍逐步发生了变化，袖口、挂肩改小了，腰部、下摆、胸部位置都收紧了，但是长度都还在小腿以下。此外，裁剪的结构，也从平面变成立体的了。

金泰钧说，"以前，放在桌子上能摊平的，现在是放不服帖的，最特别的是，当时的旗袍增加了胸省（围绕在衣片胸高不同部位的省，都是为了取得合体的效果，点四周的任一位置所收的省，称为胸省。无论什么部位或形态各异的省道，其省尖大处理是服装结构分解中变化最为复杂、要求较多指向人体球面中心的区域，且与中心保持一高的一种技术），类似于打了盖，这是很有标志性的，因为在此之前的女性都是束胸，紧紧绑着胸部，而20世纪30年代受到外国文化影响，女性开始突出胸部曲线。"

量体步骤:全身上下36处

工作中的金泰钧

　　旗袍裁剪适体、做工精良、装饰独特,最是讲究量体裁衣和手工技艺,但因工艺精巧、耗时长久而受到现代成衣化发展的冲击,传统工艺已濒临失传。真正的旗袍一定是要纯手工量身定制。仅"量体"步骤就要求测量全身上下36处,纽扣花样更多达数百种。

　　金泰钧曾经在一次接受采访中告诉记者,手工海派旗袍制作技艺中,最常见的装饰法主要有镶、滚、嵌、荡、盘、绣、贴等几种,这和现在使用的手法几乎完全接近,比如有一种花式叫作如意头,就非常有技术含量。他说,"我看见过手工最好的衣服,大概有200多个'如意头'来装饰,但现在估计已经没有人会做了,非常可惜。" 从做裁缝的父亲这里,金泰钧学习到了扎实的裁剪技艺。他认为裁剪和设计是不可分割的部分。"脱离裁剪与工艺,不可能成为好的设计师,设计师光会画图是不行的。"然而随着批量化时装的冲击和生活节奏的加快,目前,传统的旗袍制作技艺已濒临失传,很少有人再能穿到由传统工序制作而成的旗袍了。

　　1956年公私合营后,鸿翔收归国有,金泰钧开始去上海市服装公司上班。后来,他又在上海市第十五服装厂工作,当时该厂就是生产旗袍创汇。金泰钧在这家厂工作,一直负责出口旗袍的技术、管理,出口到欧洲、东南亚、数量达到40万件。1980年代后,金泰钧担任上海市服装研究所副所长,并担任上海纺织工业职工大学服装教研室主任,后成立服装分校,任副校长。一辈子,他都没有离开过服装行业。也始终关注着旗袍的设计、生产和宣传事宜。

见证上海第一支时装表演队

1980年，金泰钧还凭借自己旗袍制作技艺，参与中国第一支时装表演队的组建，并为队员出访设计旗袍、向外宾展示东方服饰之美。

1980年3月，法国时装设计大师皮尔·卡丹在上海举行第一次时装表演，人们被压抑许久的激情，在T台无法遮蔽的美丽中宣泄出来。时任上海服装公司经理的张成林大胆提出：成立自己的时装表演队。许多人对此不理解，当时的手工业局副局长刘汝升尽管对此极为支持，但他同时表示要谨慎从事，"时装演员从服装工人中去挑选"。

组建时装表演队的第一项任务是挑选演员，这在当时被认为是"选美"。因为不能张扬，所以只能到车间悄悄物色。看中了，还要做到厂领导、家庭、本人、朋友四个"通"。12名女模特儿、7名男模特儿就在重重压力下脱颖而出。1980年11月19日，中国第一支时装表演队勇敢地诞生了。

1981年2月9日，时装表演队在上海出口服装交易会上首次亮相即获巨大成功。这大大激发了服装设计师们的积极性。金泰钧为时装表演队设计了织锦缎无袖开叉长旗袍，滚条边上嵌着多彩的荡条，顾培洲设计了多款丝绸礼服，以男装设计见长的张良发打破西装传统用色，大胆选用明亮的黄色、耀眼的红色，极具魅力。

1984年，金泰钧和队员们一起赴港演出引起轰动。当时金泰钧的哥哥金泰锺先生（开设four season garments）专做真丝时装，为了欢迎弟弟赴港，举行大型招待会，设宴招待了上海赴港代表团。在1985年9月28日，时任上海市市长的江泽民同志特意来看时装表演队的演出。时装表演队队长徐文渊说："我至今仍记得江总书记的话，他鼓励我们到巴黎、香港收集信息，设计更多更好的服装，让上海服装赶上世界潮流。"时装表演队在第一次为外销服装作配合演出时，就为上海赢得了许多外汇。

而随着国门开启，金泰钧不仅迎来事业的第二春，同时也迎来许多诱惑和考验。但出于对故土的热爱，他还是选择留在上海，留在他熟悉心爱的服装领域。1981年，在一篇《为四化献技艺》的新闻报道中，记者这样写道：

"上海第十五服装厂副厂长、时装设计师金泰钧，谢绝亲友要他出国的邀请，把服装技艺献给我国服装出口事业。

金泰钧是上海鸿翔时装商店的创始人之一金仪翔先生的儿子,早年就悉心钻研时装设计技术,20岁时成为行业中的佼佼者。新中国成立后,他担任市服装公司高级商品研究组组长。党的十一届三中全会后,金泰钧居住在国外的亲友前来探望,告诉他国外时装行业很吃香,有高超技术笃定可以赚大钱。老金对此毫不动心,他说,'我是一个中国人,我爱中国的服装出口事业',决心留在国内。1978年以来,他设计的时装畅销国际市场,荣获市手工业局产品创新设计一等奖。今年,他担任十五服装厂技术副厂长后,劲头更足,厂里生产的织锦缎两用棉袄,畅销香港地区,并进入美国和英国市场。"

改革开放以后,忽如一夜春风来。各式各样的服装如雨后春笋,冒了出来,人们的打扮也一破过去的黑白灰,变得重新五颜六色起来。在这样的时刻,旗袍又重新回到了人们视野中。人们带着惊奇的眼光重新发现并打量这一传统服饰,讶异于旗袍原来不仅不过时古老,相反,旗袍如此美丽时尚。

渐渐,很多年轻女孩会买一套旗袍压箱底或者作为婚礼上的礼服之一,而年长的女性也会以做一套旗袍为荣,留着去参加婚礼、生日宴等正式活动。旗袍,兼具时尚和古典的东方女性之美,重新在上海的衣橱里占据重要的一席之地。

金老曾任上海服装研究所副所长,他接待的外宾团来自日本的特别多,很多日本客人都对他说:"我们非常羡慕你们,旗袍可以改得这么时尚化、现代化,和服还没找到这条路。"而他总是回答他们:"海派旗袍是海派服饰的标志,汇聚了本帮裁缝的智慧,展现了了上海的城市气质,是上海人民的骄傲。" 1988年,已经被公认为本市服装行业名师的金泰钧和其他7位名师,分别通过市经委和市纺织系统高级职务评审委员会任职资格评审,成为本市首批高级服装专业技术人员。

1994年;新组建的鸿翔集团为了再创辉煌,时任总经理沈若萍发起了"海上寻梦"活动,高价向社会征集20世纪二三十年代鸿翔制作的服装。许多垂暮之人,从箱底寻找出了那份"回忆",亲手交到鸿翔公司。"海上寻梦"活动共收集到流散在民间的鸿翔服装达100多套。

根据相关报道"作为这次国际服装文化节的组成部分,'海上寻梦'

金泰钧与模特代表团合影

收集到的服装与上海博物馆保存的服装汇合起来，组成'近代上海服饰文物文献展'，在服装节期间展出。据回忆，鸿翔公司当年除了为宋氏三姐妹定制服装外，还为一代影后胡蝶定制过'百蝶婚纱礼服'。英国女皇伊丽莎白1947年与菲力浦亲王举行婚礼时，鸿翔公司赶制了一套红缎金绣龙凤彩云的中国皇家礼服，并收到当时还是公主的伊丽莎白亲笔签名的一份谢帖，上写'请告诉你的朋友，我非常喜欢这套服装'。

为了再现当初的辉煌，展览会主办者决定按原样赶制3套名人服装。年逾七十的鸿翔传人金泰钧、陆维钧、蔡惠康等，根据当年盛况的回忆和现存照片，请著名设计师刘晓刚画出服装设计图，然后四处寻找面料饰品，再请工艺师全盘设计当年的手工工艺，几乎"原汁原味"。到昨天为止，宋庆龄生前穿过的旗袍已完成制作。胡蝶穿过'百蝶婚纱礼服'与赠英国皇家礼服正在赶制中。百蝶服披纱长8米，上缀100只蝴蝶。赠英国女王的礼服用大红真丝软缎制成，上面是对襟盘花扣缎袄，下面是百裥缎裙，在前襟与裙边，采用苏绣工艺，用金线绣出龙凤呈祥和云裳羽彩图案。这3件名人服装的再演，显示出鸿翔的底气之足，后继之盛。"

一年后的1995年，金泰钧退休了。此时，他的工龄已经达到了罕见的半个多世纪之久。退休后老骥伏枥，志在千里，金泰钧依旧活跃地出席各种与服装相关的评比、编审和研究工作。2008年，金泰钧被评为上海时尚设计师终身成就奖。

米寿之年，依旧能手抖卷尺精准量身

2009年，成为入选上海首批市级非物质文化遗产名录的"海派旗袍制作技艺"市级代表性传承人后，金泰钧老先生的身影，又活跃在各个推广旗袍的舞台上。

那几年，正逢电影《花样年华》上映，影片中，代表老上海风气的张曼玉身着20多套紧身旗袍、袅袅婷婷的身影打动了不少观众的心。随着影片的热映，对旗袍的复古崇尚，也像一阵风吹动人们心中对美的渴求，一袭旗袍总能穿出百样风情。从那时起，旗袍店又扎堆似的遍地开花。当时，有报道这样描述：

"虽然申城街头不乏旗袍制衣店，但在上海艺术研究所的专家看来，真正的旗袍一定是要纯手工量身定制，仅'量体'步骤就要求测量全身上下36处，纽扣花样更多达数百种，以这个标准来看，许多旗袍店的做法明显过于粗糙。鸿翔的老裁缝金泰钧也告诉记者，常见的装饰法主要有镶、滚、嵌、荡、盘、绣、贴等几种，这和现在使用的手法几乎完全接近，比如有一种花式叫做如意头，就非常有技术含量。'我看见过手工最好的衣服，有200多个'如意头'来装饰，但现在估计已经没有人会做了，非常可惜。'旗袍裁剪适体、做工精良、装饰独特，最是讲究量体裁衣和手工技艺，但因工艺精巧、耗时长久而受到现代成衣化发展的冲击，传统工艺已濒临失传。上海艺术研究所所长高春明这样说道。上海非物质文化遗产保护中心办公室负责人张黎明表示，要保护的并非旗袍本身，而是其制作工艺。我们再不注意对技艺进一步传承和保护的话，几年之后，这些就永远找不到了。"据了解，为旗袍制作工艺"申遗"的包括上海艺术研究所和"中华老字号"企业上海龙凤中式服装等单位，最后结果于6月9日"文化遗产日"揭晓。

此外，上海艺术研究所专家也正趁此次申遗的机会，再次梳理旗袍的发展史。这交织着近代与现代历史转型时期社会风尚、审美心理、文化习俗的旗袍，将通过日后举办大型旗袍服饰展的方式，向市民展示蕴涵其中的悠悠文化。

旗袍原是清朝的旗人着装，立领、右大襟、下摆开衩等特点，非常适

工作中的金泰钧

合东方人的体形特征。而旗袍的发扬光大，则是和上海联系在一起的。上海艺术研究所所长高春明称，旗袍因旗人之服而得名，虽然出现在北方，但发祥地却是上海。20世纪二三十年代，经过改良之后的旗袍在上海女性中流行起来。这种旗袍吸纳了西式立体剪裁方法，特别加入了连衣裙、晚礼服等巴黎时装元素，显示出女性玲珑有致的曲线和曼妙身材，此时，这种旗袍与最早满族的宽大袍服已是大相径庭，除保留原有旗袍的核心元素外，在裁剪、装饰、质地、趣味上的创新，已使古老的服装如凤凰涅槃般焕发出新的生命力。随着设计和手艺的不断改进，旗袍样式日益繁多。1930年代，阮玲玉、胡蝶、周璇等一批电影明星，以及红极一时的月份牌时装美女画、各大报刊杂志的文化传播中，无一不是以旗袍作为重要元素，无形中大大推动了海派旗袍的发展，甚至风靡全国，几乎成为中国女性的标准服装。此后，加上社会审美观念的变迁和生活节奏的变化，旗袍渐渐淡出人们的日常服饰，仅在一些较为特殊的场合下露露脸，但高贵、典雅的气质象征则一直延续了下来。"

不难发现，这些描述，和金泰钧一直以来推崇的理念不谋而合。

在退休后的日子里，金泰钧先生因为眼疾不便，出席所有的场合总是由妻子鲍越明女士陪伴在身边。鲍越明年轻时生活优越，曾经拥有许多旗袍，由她现身说法讲述当年女性穿着旗袍的故事、对旗袍的挑选细节以及穿旗袍时的礼仪注意事项，总是格外受人欢迎。

在子女的记忆里，母亲鲍越明曾经是一位十指不沾阳春水的富家小姐。与金泰钧结婚后在家相夫教子，十分恩爱。当时大户人家都用奶妈，但鲍越明太爱三个孩子，因此坚持全部用母乳喂养姐弟三人长大。20世纪五六十年代，父亲被错划右派下放劳动。鲍越明对金泰钧还是不离不弃，一边安慰丈夫好好活下去，一边辞退保姆，亲自照料家庭，变卖首饰，将孩子们抚养长大。艰苦的岁月里，鲍越明学会了打肌肉针，做过小学老师、电车售票员、中药店配药工、棉毛衫厂质检员。不论做什么工作，鲍越明总是勤勤恳恳，并以能通过劳动自食其力为荣。这样的一位太太，不论顺境逆境都能腰背笔挺，真是穿出了海派旗袍真正的精髓和风骨。晚年，正是在太太鲍越明的陪伴下，金泰钧得以继续活跃在服装界。金家的孩子和金泰钧都由衷感慨：父亲所有的荣誉都有鲍越明的功劳。

在一次，夫妇俩去一家旗袍企业时，金泰钧曾经亲自演示旗袍的量身功夫：同样是量衣服的长短，我们常常看到有些量体师是蹲下身子，俯身到衣服底边位置看尺寸，而金泰钧的示范却是将卷尺帅气地一抖，一头落到衣服合适的长短位置，然后在肩膀位置读取尺寸。他还在现场，亲自为夫人鲍越明量身作为演示。

一些新的旗袍品牌重新开始展开定制业务，有的还独家引进了最先进的美国相关的量体设备服务顾客。听到这个信息，金老表示了极大的兴趣，他同时也谈起当年自己是如何给高端客户量体的。他从新的旗袍品牌的设计总监手中拿过卷尺，不顾高龄，边演示边说："我觉得广东人说的度身裁衣比量体裁衣更确切。度量衡分别是指长度、容积和重量，这对于崇尚立体裁剪的海派服装来说是顶顶要紧的。当年在鸿翔当营业员可是值得骄傲的一件事，每个月的底薪加奖金都十分客观，一点儿都不输洋行里上班的高级白领。要出师也并非易事，就拿学习量体来说，当年可没有像现在这样方便易操作又精确的设备，全靠勤学苦练，不仅要精准，还要

金泰钧夫妇合影

客户感觉舒适得体。这其中量体位置的落点就非常有讲究了，量体的时候尽量不要碰触和转动客人的身体，一方面是避嫌；另一方面也能显示优雅的职业风范。"

那一次，金泰钧老先生还表示："定制服务，既要有好的量体师，也要有品味有修养的营业员，提供合理的定制建议，比如，做什么款式，选什么面料，甚至于里布的配色都大有讲究，有个小窍门是：夹里颜色配淡不配深，缝线颜色配深不配淡，穷面子富夹里，样衣坏布不用白……"这些可都是金老学生意的时候师傅们传下来的智慧结晶。

在旗袍技艺交流活动的现场，总是相依相伴、互相扶持鼓励的金泰钧夫妇，不仅让人看到了旗袍的美丽，也看到了情比金坚的美好。凡是看到金泰钧夫妇的人，都赞不绝口：你们真是一对模范夫妻。凡是看到金泰钧先生示范量身打版的人，无不感叹：享受上海的精致真的可以从定制一件海派旗袍开始。

这是14岁上鸿翔店堂开始，他就立下的志向。这也是从小目睹那么多美丽的上海女人穿旗袍展现的气质带给他的精神震撼。金泰钧知道，他的生命已经与服装不可须臾分割。那把从父亲和伯伯手里接过的金剪刀，他会紧紧握着，并且一直剪裁下去。

褚宏生：百岁上海裁缝，一生只做一件事

　　褚宏生(1918—2017)，男，出生在苏州，16 岁至上海从事旗袍制作工作。

　　国家级非物质文化遗产名录 (2011) —中式服装手工制作技艺第二代代表性传承人、上海国际时尚联合会高级定制终身成就奖获得者。

　　被誉为"最后的上海裁缝""百年上海旗袍的传奇"。

一条皮尺，褚宏生从不离身

楔子

女人，是水做的。

衣服，就是盛放水的容器。

衣服美丽，则"水"也清澈美丽。衣服不妥，则"水"也浑浊失色。而旗袍，当之无愧，是所有容器里最精致的一种。中国女人的"水质"，就是要被盛放在旗袍这样的容器里才相得益彰。

褚宏生的一生只做了一件事——打磨旗袍这一"容器"。年复一年、日复一日，直至把旗袍从日用品打磨成工艺品、打磨成艺术品。他盛放过的青春，或许已经红颜老去。但经由他打磨出的容器，却抵抗了岁月的侵蚀，成为了历久弥新的精品、珍品。

于他而言，那过去的一个世纪的年月里，他所看过的风景，走过的马路、见过的人物、经历的变故，最后都化作了细密的针脚色线，被千丝万缕地缝进了旗袍里面。一生住在一座城，一生守着一件事，一生习一门手艺——从16岁开始，褚宏生就心无旁骛，像用自身的心血裁剪缝纫一样，直到把生命历程也提炼成了一种质朴而精致的服饰艺术。

起针: 一切从零开始

盘扣里都是看不见的功夫

1934年。上海。

16岁的褚宏生只身一人, 从苏州吴江到上海当学徒。

临行前, 父亲犹自有些不舍。孩子从小聪敏机灵, 如果家境允许, 一定会是个不错的读书苗子。但可惜穷人的孩子必须早当家。至于去哪里谋生, 父亲倾其所能, 为儿子筹谋许久, 最后托了熟人, 将褚宏生送来上海裁缝铺当学徒。一则, 是想依靠熟人彼此能够有个照应; 二来做裁缝可以待在室内, 不用日晒雨淋; 三来这是个凭手艺吃饭的行当。父亲想, 不管未来世道怎么变化, 人们总要穿衣。因此行业前景稳定、踏实。如果做得好, 将来孩子自己开一家店, 就能自食其力。

这一年, 是上海繁华灿烂宛如梦境的一年。如今是上海地标所在的国际饭店, 正是在这一年交付使用。9月开业。高24层, 为远东第一高楼。也是在这一年, 百老汇大厦(今上海大厦)落成、毕卡地公寓(今衡山宾馆)开工兴建、大新公司(今上海第一百货商店)兴建、上方花园动工。是年,杨浦煤气厂建成，日产煤气能力10万立方米。这些日后成为著名地标的建筑，褚宏生是与它们同时出现在上海的见证者。

这一年的上海，也是平静下暗潮汹涌的一年。是年上海爆发白银风潮，金融市场跌宕起伏。从上海流出白银（银圆）2亿元以上，12家华资银行、1065户工商企业倒闭。上海113家缫丝厂，100家以上先后停工，失业工人五六万人。茂新、福新、申新公司总经理荣宗敬因公司亏累过巨，登报声明退居休养。中共上海中央局、江苏省委和全总党团遭到大破坏。中共上海中央局书记李竹声被捕叛变，盛忠亮接任。11月，申报馆总经理史量才在浙江海宁翁家埠附近遭国民党军统特务行动组狙击遇害。

这一年的上海，又是热闹与喧嚣共存的一年。上海滑稽独脚戏研究会成立。上海市妇女会成立。联华公司故事片《渔光曲》在金城大戏院（今黄浦剧场）首映。连映84天，创上海最高映出时间纪录。中国第一部新歌剧《扬子江暴风雨》首次公演。那些传唱至今的电影歌曲，如《渔光曲》《大路歌》《开路先锋》《毕业歌》等，都是在这一年开始回响在上海街头。

当少年褚宏生进入上海时，这是一个全市人口3562792人，其中外国人68308人的大城市。但外部的天地是热闹喧嚣也罢、血雨腥风也罢，对这个瘦小的苏州男孩来说，他的世界，只是爱文义路(今北京西路)"朱顺兴旗袍店"那小小的店堂空间。

说起来，"朱顺兴"的创始人，和褚宏生的身世也有点相似，而且还是老乡。店铺老板名叫朱林清，这个自幼家贫的年轻人，从江苏吴县老家来到上海学裁缝。他从打杂工开始，逐渐掌握各道裁剪工序，还渐渐地吸纳海外服饰工艺，创造出一套完整的海派旗袍制作工艺和风格，开办了一家"朱顺兴中式服装衣铺"，成为上海最有名的苏广成衣铺。

和前辈一样，当褚宏生离开亲友庇佑，独自闯荡异乡时，他便明白，上海的一切是陌生的，上海的现实也是残酷的。万事全凭自己一双眼睛一双手。若不能凭手艺立住脚，就只能被淘汰。

一切，是从零开始的。

老上海繁荣的成衣业

成衣业在上海蔚然成风

成衣业，又称中式服装业、便衣业，在上海起源最早。

相传清乾隆末年（1795年前后），上海已有成衣铺。成衣铺的招牌常冠以"苏广"两字，以标榜苏州工艺巧、广州款式新，故称苏广成衣业。行业内按照地方性和缝制技艺、专长不同，形成许多帮派，最早是苏、广两帮，广帮后因裁缝逐渐减少而消失。

中式裁缝，生产工具简单，凭着一把剪刀，一支竹尺，一只熨斗，一个粉袋和几枚缝衣针，就可缝制衣服。服务方式灵活，既可在门市承接来料加工，又可上门做衣。有的还在大公司和绸缎、棉布、呢绒店租借柜台，设立服装加工部，代客加工。少数成衣作场为估衣店加工新衣或做成新衣批给商贩。中式服装花色品种很多，主要有长袍、马褂、短袄、衫裤、旗袍、马甲等男女中式服装。中式裁缝的顾主主要是妇女，因此特别重视旗袍和女袄的制作。根据式样和面料的颜色，在领头、挂面、门襟、下摆、袖口、袋口等部位，运用镶、嵌、滚、宕、绣、盘、缕、雕等传统工艺进行装饰，使衣服具有民族特色。

清嘉庆二十二年（1817年），由成衣商朱朝云等8人发起，沪、苏、宁3帮集资在城内硝皮弄（今南市区硝皮弄）建造轩辕殿成衣公所。民国9年（1920年），原来沪、苏、宁3帮扩增常、锡、镇、扬、杭，变为8帮。新旧帮派之间常发生纠纷，经协商，8帮共同组建同业公会，与原公所并存。

到了1933年，上海有成衣铺2000家，连同个体裁缝多达4万余人。抗日战争胜利后，同业公会奉令整顿，会员户数增至5000多家，由原来的8帮并为6帮及衣庄、绸庄两组。每个帮组各推代表20人，于1946年6月召开会员代表大会，选出理事15人，成衣业同业公会改为上海市成衣商业同业公会。

到了1947年8月，上海市社会局指令，将约200家机制中式服装业并入成衣商业同业公会，成立新衣组。1948年9月召开第二届会员代表大会，按6帮、3组分配名额选举理、监事。对于行业里发生的这一切变化，褚宏生当然还不知道。他是一个初出茅庐的从业者，一个处于成衣业制作链条底层的小学徒。面对已经蔚然成气候的上海成衣业，他要奋力向前。

专注的褚宏生，匠人的初心

男孩子的心是勇敢的

做学徒，就要拜师傅、学手艺。对这种师徒制的情形，上海人有句俗话：师傅领进门，修行靠自身。未来一个孩子能不能有前途？能不能熬出头？说出来各行各业不同，并无准则，但也有共性——一看能否吃苦耐劳；二看是否聪颖有悟性。

如果说在制作成衣的金字塔尖，成名的裁缝可以享受明星待遇，堪为制造美丽的艺术家，那么在这个行业的低端部分，无数初入职场的学徒，只是劳动密集型产业上的一颗无名螺丝钉。

1934年，在旗袍店里，和褚宏生一样的学徒，一共四五十人。清一色外乡来的男孩子，都是处于最底层的打工者，每天起早摸黑，他们一起操练，一切从手工开始学习：缝纫、盘扣、手工缝边、开滚条斜边到熨烫，缝制成衣的整个过程，以及在门店的客人接待、量身、设计、款式选定与试样、打样等等，十八般武艺要规规矩矩学上6年！单单一种抢针刺绣，就分为正抢、反抢、叠抢3种针法。

解放前的苏广成衣铺，大多是家庭作坊，主要为居民缝制中式服装。业主一般都参与做活，带一二个徒弟，雇几个伙计，家属参加辅助劳动，更多的是"夫妻老婆店"。中式裁缝师傅，以手工见长，操作靠手工，功夫在枚针。十二三岁学徒就要学捻线、捏针、撩布头，苦练基本功，做到"脚踏虎口，手持熨斗，中指无肉，弯指无隙"。操作时身体坐直，两手悬空（这种姿势做活用得上力），顶针箍经常戴在中指上（磨损指上的肉），顶针时手指要弯得足（才能用得上力）。所以行业中流传着"一根引线（缝衣针）非常轻，做起活来骨骼动全身"的谚语。

长时间地穿针引线，褚宏生记得，有时不仅仅是手酸胳膊疼，连眼睛都因为长时间看近物而变得酸涩不堪。缝纫也是体力活，有时夜以继日地赶工，学徒们难免困顿异常，针直接插入手指，鲜血淋滴是常有的事。有时自己打着瞌睡，头伏在衣料上做"小鸡啄米"状，等到清醒过来，才惊觉自己方才迷迷糊糊中，在衣料上竟缝出一条蜈蚣脚来。

男孩子的心是勇敢的，没有学徒会为受伤掉眼泪，却会为衣料被毁而吓到人抖如糠筛。往往自己的手指被针戳破，或者被剪刀划伤，学徒的第一反应不是捂住伤口止血，而是赶紧跳开，唯恐精美的衣料被自己血液沾染，或者被自己裁坏。如果那样，就非要挨师傅骂不可了。他们学会了把衣服看得比自己的身体发肤更重要。

一群毛头小伙子，整日就坐在一大堆色彩缤纷的衣料中忙碌着，飞针走线、量体裁衣，如蜜蜂一样低头辛勤工作着，而日子，也就这样一天一天过去。师傅教他们的东西是一样的，但日子久了，各人的水平就拉出层次区别来了。

褚宏生记得，他们这些学徒受教育程度都有限，然则虽然未曾上过正规学校，但旗袍店就是他们的学堂。每天跟着师傅练习、做工，就是理论联系实践的学习。师傅告诉他们，做事一定要仔细再仔细。一件衣服，就是一幅绘画，没有一笔是多余的。也没有一笔，是可以敷衍了事。

为了做一个盘扣，有时褚宏生就要做上3个钟头。把做好的盘扣，沿着旗袍的斜襟一路缝下来，仅这道工序就又要大半天。也有的太太、小姐，经常会对衣服的做法提出自己的要求，就连裙摆滚边这样的细节，也要重重叠叠滚上三四道，手工细缝，一分五一针，针脚宽度要绝对一致。最后的效果是朴朴素素的，看上去毫不见特别之处，但其实里面的功夫极尽繁复。

衣服，是女人的心头至爱。对于富贵人家的太太、小姐来说，旗袍是她们日常迎来送往的工作服，是父家夫家的门楣象征。对于参加工作的时代女性来说，旗袍是她们抵抗命运不公、走出家庭去争取平等自由的战袍。对于小家碧玉的夫人和女孩子们来说，旗袍是她们平淡生活里的慰藉，是苦闷日子里的精神期盼，也是垂垂老矣时的怀旧载体。不论旗袍的样式怎么变，女人对这旗袍的情感寄托不变。因此褚宏生不是单单在这里学习做裁缝，更是学习着，为无数女人提供进入各自理想生活的入门券。

小荷初露尖尖角

褚宏生一生献给旗袍

　　一起学习的学徒虽多，但褚宏生渐渐显示出与众不同，有时夜深了，一天辛苦劳作结束，其他学徒去休息或者去玩耍了，但褚宏生却一个人留在店里，还独自拿着不同针线摸索比对。师傅冷眼观察着一众青年，褚宏生话虽不多，但做事仔细、踏实、缝纫用心、会自己举一反三，师傅一点就透，是吃这行饭的料。

　　过去，裁缝们常用的旗袍盘扣有四五种。时令、年龄不同，旗袍上搭配的盘扣也不同，春节配如意扣、凤尾扣，老太太做生日配寿字扣，年轻女人喜欢简单柔美的兰花扣、盘香扣。但会动脑子的褚宏生并不满足，他和师傅商量，通过变换编织手法，硬是创新出了12种花型盘扣。而且每个盘扣都有一个说法，暗合一种花卉，配合12个月份，犹如一首"十二月花歌"，显得别致高雅，又有趣味。来订做旗袍的太太、小姐大多对细节十分讲究，听说有这种随着月份改变旗袍上盘扣的花型，纷纷要求一试。因为每个月，盘扣所代表的花都要不一样，因此一件旗袍，经此一变，就能翻出12种花色。这些肯下功夫、敢于创新的心思，让师傅看在眼里，喜在心里。

师傅说了，你不要心急

大约半年时间过去，其他的学徒开始上手帮着师傅量身、缝纫时，师傅却仍然让褚宏生练最基本的手工。这让向来要强的褚宏生不明就里。论勤奋努力、论基本功、论缝纫，自己哪里比别人落后？从来不为自己争名利的他，这时却按捺不住，年少的他不服气，气呼呼地去找师傅理论。

孰料师傅就等着这一刻。看到褚宏生来找他，师傅微微一笑，坦言相告：自己并不是在故意打压他或者给他"穿小鞋"，而是觉得他是好苗子，因此是在刻意培养他。师傅说"做裁缝，不要心急，才能比别人做得更好"。

这句话究竟是什么意思？平时在店里，师傅接来订单，为了做一件旗袍，大家没日没夜加班，不就是为了快点交货？为什么反而又叫自己不要急？当时16岁的褚宏生未必完全明白师傅话中的深意。但那个时刻，师傅一脸的笃定、信赖和从容，却给褚宏生留下深刻印象，让他不由自主，就收回了之前的质问。让自己驯服下来，如一片衣料驯服地躺在熟练裁缝的手里。一切，就听从师傅的意思去做。

20世纪三四十年代，身处变动旋涡中的上海，五光十色，也危机四伏，战争一触即发。裁缝店外部的世界一日千里，但裁缝店的店堂间里，仿若时光停滞。来"朱汉章"的顾客，一般也不会把日常生活中的烦恼带进店来。

天大的事情，落实分解到每一天，也不外乎是些穿衣吃饭、出门待客的日常。太太、小姐们，对旗袍的心思是单纯的——就是要好看。就像褚宏生，对旗袍的心思也是单纯的——要好看。

好看意味着，量身要准确到小数点，剪裁必须要手工缝制，打样要准确妥帖。好看也意味着，一些细节如镶边、长短、盘扣都要做到极致。好看还意味着，要了解不同穿着者的脾气、喜好、气质、家境，甚至了解她们定做衣服的时间、背景、需求、场合。

当时，手工制作一件普通旗袍，制作时间需要半个月。如果是带绣花的旗袍，制作时间至少要3个月。如果是刺绣花纹繁复的旗袍，甚至要做两年。褚宏生学会了不急躁，师傅教会了他等。他就等。他相信慢工出细活。

因为，师傅和他说过的，"做裁缝，不要心急，才能比别人做得更好。"

满师之日，意外的礼物

又两年，褚宏生终于出师，老板派他负责给客人量尺寸。

学徒师满出门，能接待客人，是个大日子。也是考验一名学徒未来能否真正成长为独当一面的裁缝的分水岭、试金石。

站在客人面前，一位裁缝的眼睛要像量尺，他的双手要胜过缝纫机，他的心思要好比管家。不管顾客高矮胖瘦、有钱没钱，到了店里就是上帝、是衣食父母，做裁缝的，一定都要能和顾客对上话、要能为顾客出谋划策，要能帮助顾客寻找她身上的亮点，拾遗补缺，取长补短，最终，要能呈现出顾客心里真正所想的那件理想的旗袍，呈现出顾客最美的状态。

就在他满师出门去量尺寸的那天，向来不苟言笑的师傅，把褚宏生叫到屋里，关上门，静静地取出一个布包裹，不发一言，递给褚宏生。褚宏生内心惶惑，战战兢兢打开布包裹一看，温暖的灯光下，只见一条爱马仕款式的老皮尺静静躺在布包中，像一个睡眠中的、活着的有生命的物体。褚宏生疑惑地看着师傅，而师傅则从褚宏生手里拿出皮尺，把它挂在褚宏生的脖子上，轻轻拍了一拍自己爱徒的肩膀，皮尺也随着这一拍，在褚宏生胸前轻轻摇曳。褚宏生一时百感交集，酸涩难言。他明白，这是师傅送给他的满师礼物。两年来，在人生地不熟的上海，裁缝店就是自己的家，而师傅就像自己的父亲一样，通过传道受艺，给了自己第二条生命。

此刻，这条过去一直挂在师傅的脖子上、象征裁缝专业精神的皮尺，现在，从师傅手里传到了自己手里。这像是一句无言的肯定，更是一句无声的鞭策。18岁，正是一个少年真正走向成年的日子，广阔的世界，等待着一个男人去战斗。褚宏生将挂着皮尺的脖子暗自挺直。

师傅也好，褚宏生也好，当时都没有预料到，这条皮尺一挂就是80年。未来的岁月，就像父亲预料的那样，有过好日子，也有过坏日子。但不管世道如何多变，人们总还是要穿衣。只要人们还要穿衣，褚宏生就有了施展身手的舞台。

为杜月笙量体裁衣

逢年过节，往往是定做衣服的高峰时段。有钱没钱，要体面的上海人，都要给一家老小添置新衣。裁缝店里往往也忙得不可开交。

在褚宏生20岁不到的那年冬天，一个春节前夕的下午，一辆黑色的老福特轿车突然停在了店门口，下来一个客客气气的男人，说为主人家请裁缝上门去量身。当时的裁缝店，都提供这种上门量身的服务，熟练的裁缝，像随时根据病人要求上门出诊的医生一样，夹上工具包到顾客家里，能给客户全家老小量身。

那日，师傅回头看一眼店员，想到褚宏生做事妥帖老到，就让褚宏生跟车去量身。许多年后，褚宏生还会回忆起这天的情景：自己坐上福特车后，司机发动汽车，并不多言，一径开出。转了几条路后，车子停在了一栋颇为气派的大宅前。几个穿长衫的年轻人开了铁门，车辆停稳后，早有人出来等候在车边，将褚宏生从小门引入屋内，左转右转后，进入室内，并指定地方让他等待。不多时，只见一位身材消瘦的中年男人出来。从身边人对他毕恭毕敬的态度上，褚宏生料定，眼前这位就是房子的主人。

只见这位中年男人穿着黑色绸缎衣衫，没有笑容，看上去十分严厉，但是态度和蔼，开口后语气也很和气。他告诉褚宏生，他要做几件开衫和长袍，他的家人也要做很多衣服。褚宏生拿出皮尺等工具，为这户人家老老少少量身，那天忙到很晚才回家。等到衣服交货后，对方很是满意。此后很长一段时间，这辆黑色的福特车都会定期到店里，接上褚宏生去量身。

后来有人偷偷告诉褚宏生，"你知道这家接你去量身的人家是什么来头吗？"褚宏生摇摇头说，"不知道啊，"心想，大概不外乎就是一家殷实人家吧。他说"我不太打听顾客家里的情况"。对方笑起来说，"你呀，你是在为海上闻人杜月笙做衣服啊——上海青帮老大杜月笙，你晓得哦！"

褚宏生听到名字，自己也不禁打了一个激灵。这样，褚宏生才知道，自己一直以来进进出出的，是青帮老大杜月笙的家。当时，杜月笙开始组织恒社，自任名誉理事长。社名取"如月之恒"的典故，《毛诗·小雅·天保》序云："天保，下报上也，君能下下，以成其政；臣能归美，以报其上焉"，名义上是民间社团，以"进德修业，崇道尚义，互信互助，服务社会，效忠国家"

为宗旨，实际上是帮会组织。借此广收门徒，向社会各方面伸展势力。恒社初成立时，有130余人，到1937年达520余人，国民党上海市党部、上海市社会局、新闻界、电影界等许多方面的人士都参加进来。1934年，杜月笙任地方协会会长。上海滩无人不知、无人不晓他的大名。

褚宏生见过的那个身材有些瘦削、穿黑色绸缎衣衫的中年人就是杜月笙本人。打那之后，褚宏生去过杜公馆许多次，帮杜家上上下下做过很多衣服。这笔生意一直到解放前夕杜月笙逃往香港才终止。21世纪初，杜月笙的孙子从国外回来时，还特意到褚宏生的旧居探望过他。

一个人一辈子专注于做一件事。最后就让人家几辈子也忘不了。

一辈子做好一件事

站在电影皇后的面前

就在褚宏生从少年成长为青年、从学徒成长为独当一面的裁缝的同一时代，旗袍也在上海发生一系列蜕变。

清末民初直到20世纪中叶，作为上海女青年主流服饰的旗袍几经变迁改造，宽衣大袖逐渐改成纤小、紧收腰身等，使之更为称身合体。旗袍的领、袖和长度不断变化，反映了时代变化。这种原先是清朝旗人着装的服饰，开始在上海吸纳了西式立体剪裁方法，加入了连衣裙、晚礼服等巴黎时装元素，变得更加合体，样式也日益繁多。

加上阮玲玉、胡蝶、周璇等电影明星的"示范效应"，旗袍从上海风靡至全国。可以说，作为少数民族服饰的旗袍，演变成中国妇女的代表服装，这个演变主要在上海完成。

带着旗袍这一把独特的万能钥匙。这个苏州男孩走到一扇扇通往上海深处的门前，门次第打开，向他展示城市的秘密。

彼时的上海滩，藏龙卧虎。除了见过上海最厉害的黑帮老大，褚宏生因为做衣服的缘故，还有幸见过上海滩最美丽的女人——名震上海滩的电影皇后胡蝶。

旗袍是打开上海生活的一把钥匙

当时，胡蝶出演电影《歌女红牡丹》不久，在这部中国第一部蜡盘发音的有声影片中，胡蝶饰演一位美丽温柔的歌女，嫁给了一个无赖，虽然受尽折磨虐待，但最终无怨无悔，还感化丈夫回心转意。戏里的精彩演出，让胡蝶一时风头无二，轰动海内外。1933年元旦，上海《明星日报》发起"电影皇后"评选，胡蝶以21334票的最高票数当选。同年英商中国肥皂公司发起的"力士香皂电影明星选举"及1934年中国福新烟草公司发起的"中国电影皇后竞选"中胡蝶亦夺冠，两年之内"三连冠"，胡蝶从此被称为"老牌影后"。

一个盛夏的傍晚，褚宏生接到任务，去胡蝶家里为她量身。得知消息的褚宏生，到底还是年轻的小伙子，想到自己能见到"民国第一美女"，实在难掩激动之情，竟然一夜没有睡好。

在去胡蝶家之前，褚宏生对胡蝶的印象，完全是电影海报中艳光四射的女郎。因为电影中的胡蝶总是浓妆艳抹，高贵逼人，笑容异常甜美，深深的酒窝一抿，几乎能把人醉倒其中。但等到了胡蝶家一看，褚宏生却傻眼了——

眼前的胡蝶，根本不像一个女明星，而是穿着素净的淡蓝旗袍，没有化妆，素面朝天，像个美丽的邻家大姐姐。"她总是冲人笑，说话也很和蔼，根本没有明星架子。"褚宏生后来回忆说。胡蝶对于旗袍的做工非常讲究，也很注意旗袍的样式，她十分喜欢复古式的花边，或者稍微有点滚镶，心情好的时候还会自己设计，但总体而言，她喜欢素净的风格。那些看似朴素的精致旗袍，一点也不减损胡蝶的美貌，反而犹如一幅画框，将胡蝶这个倾国倾城的美女衬托得更加惹人注目。

当时的上海，五方杂处、华洋文化交融碰撞，在旗袍制作领域，旗袍的制作技艺中，大量吸收了西式女装裁剪的工艺，胡蝶驾驭旗袍的能力很强，无论是高领中袖旗袍，还是低领短袖旗袍，穿在她身上都是仪态万方。后来胡蝶在电影《劫后桃花》中，就穿过深色底的丝绒旗袍，上面绣花朵，显得气质雍容沉郁；也穿过短袖碎花旗袍，显得活泼简洁，素雅可爱，如一朵初夏的茉莉。

从20世纪30年代开始，旗袍从"全国时装中心"上海扩散到各地，就像一首民谣所唱："服装都学上海样，学来学去难学像，等到学了三分像，上海早已翻花样。"

　　那次见过胡蝶后，褚宏生念念不忘，回到店里，和师傅与师兄弟商量，"我们都想错了胡蝶，她只喜欢素淡的颜色，在出席正式场合时，才会穿些鲜亮的颜色。我至今还记得那件翠绿色蝴蝶图案的软缎旗袍，穿在她身上就像从画里走出来一样，即便再过50年，她依然是美得让人过目难忘。"

　　也许是电影皇后那摄人心魄的美貌，给了褚宏生创作的灵感。褚宏生大胆作了一个尝试，用那个年代最时尚的蕾丝面料，为胡蝶制作第一件白色镂空蕾丝旗袍。 后来，在回忆文章中，褚宏生这样说过，给胡蝶做的蕾丝旗袍是从法国进口的蕾丝，在当时是比较别致、时尚的，但因为并无制衣先例，一般老师傅不太敢于贸然使用这种面料。

　　但是因为年轻，初生牛犊不怕虎的褚宏生大胆尝试了这种新型面料。他剪裁旗袍的时候，满脑子想的，都是胡蝶明眸善睐、巧笑倩兮的脸庞，以及她妩媚夺目的美貌。

　　最后制成的海派旗袍，一色净白，但又花纹俏丽。倘若穿在身上，毫无一丝暴露，但在若隐若现中，又将美人的身段展现无遗。看着这套旗袍，恰如站在甜美的花园里，看着一场春雪悄然而至、簌簌落下……

　　这是一个上海小裁缝，对电影皇后最高的致意。

　　后来，这套白色镂空蕾丝旗袍曾在纽约大都会艺术博物馆展出。

发掘每个女人的美

身着旗袍的丽人

为陈香梅裁衣

　　除了影后胡蝶，褚宏生后来还为成为世界著名华侨领袖、社会活动家、美国国际合作委员会主席的陈香梅女士做过旗袍。

　　陈香梅女士1925年出生在一个书香世家。1937年"七七事变"后，她随全家流亡香港，后辗转来到昆明，1944年，陈香梅加入中央通讯社昆明分社，成为中央社的第一位女记者。面对饱受战争创伤的祖国，陈香梅迅速成长为一位有勇有谋、敢爱敢恨的时代女性，和男人们一起来到战场，用手里的笔，为抗战鼓与呼。

　　第二次世界大战期间，美国人陈纳德将军，曾在美国召集100多名年轻飞行员和机械人员、文职人员300余人组成有名的"飞虎队"（原名美国空军志愿队），来中国协助训练中国空军。中日正式宣战后，空军志愿队改为十四航空队，与中国空军并肩作战，帮助中国人民打击日本侵略者，建立了举世皆知的功勋。中英文皆十分流利的陈香梅，被派去对陈纳德将军进行专访。乱世倾城，英雄美人，这样的相逢，或许注定要谱写一段佳话。那次战火纷飞下的采访，为他们后来的传奇故事埋下了伏笔。

　　抗战结束后，陈香梅调往上海中央通讯社工作，住在上海的外祖父家，而陈纳德将军回到美国后又重返中国。在上海，英雄与美人重逢。年龄、种族、文化，都不能隔绝他们彼此的爱意。两人终于在1947年举行婚礼。是年，陈纳德54岁，陈香梅23岁。而上海，也就是注定要见证传奇、产生传奇的地方。

　　在褚宏生的印象里，出身书香世家的记者陈香梅"一眼看去，她气质大方，既具有大家闺秀的风范又有现代女性的坚强和稳重，非同于一般的官太太。"

　　褚宏生后来告诉过去采访他的记者，陈香梅对旗袍的料子是最为讲究的，一定要选择伸缩性好、手感柔软的真丝料。"一般，我们帮太太小姐们做衣服时，会发现，她们比较注重衣服的料子，这样穿出来显气质。而我们帮交际花做的时候发现，她们主要看式样，颜色。对她们来说，料子就归为其次了。这就是顾客层次、审美和需求的不同所决定的。"

　　陈香梅对旗袍的热爱贯穿始终。甚至在移居美国首府华盛顿后也不

最懂女人的是裁缝

曾更改。她十分自豪地在各个场合，用旗袍彰显自己中国人身份。

第二次世界大战结束后，陈香梅一直活跃在美国政坛。1958年7月27日，陈纳德因病逝世。美国国防部以最隆重的军礼将其安葬于华盛顿阿灵顿军人公墓。在葬礼上，陈香梅没有按照西方礼仪穿上黑色的丧服，而是按照中国人的习俗，在葬礼上就穿了一身洁白的旗袍。

最懂女人的是裁缝

学裁缝，上手易，精通难。如今，给各家上海中装店撑门面的"巧妇"大多都是吃得起苦的外来打工妹，但在褚师傅眼中，能从画样到操作完全独当一面的"裁缝"还是难觅。其实，任何一个行当，都是外行看热闹，内行看门道。对于海派旗袍来说，什么才是技术核心？

褚宏生有他的一套理论。他将至归结为3个点——即做一件旗袍，得格外讲究3个点，分别在胸、腰和被行家称为"浪腰"的后腰最细处。

提高腰线可以修饰微突的腹部，降低几分则可勾勒出女人玲珑的曲线；如果处理比较薄的料子如真丝，臀围就得收得紧一紧，如果采用厚重的织锦缎料子，则可以在腰腹处，略微留些空。褚宏生还嫌弃机器缝制的衣服针脚整齐但僵硬，只有人工缝制的旗袍圆润有生气。

褚宏生说过，"老早的旗袍比较宽松，内行人在一起，会讲究针线好不好。一套旗袍要做十天半个月的。现在生活节奏快了，旗袍比较时装化，样式中西结合，比较讲究料子。旗袍顶重要的是领子，一定要高一点，这样才衬托人的脸形，显得更端庄高贵。但又不能太高，让人被克扣得难受。"这其中因人而异的微妙尺寸掌握，就是一个老师傅之所以成为老师傅的奥秘所在

因为衣服做得好，当时店里生意也门庭若市，好得不得了，除了胡蝶、陈香梅等，褚宏生还接待了很多明星，但裁缝们也有裁缝的骄傲，看到明星并不会凑上去谄媚。有时"（明星来了）我们也不在意，你来了就来，有时生意多还要挑选顾客。"

不过在这么多明星里，褚宏生还记得不少出名的顾客，包括歌后韩菁清。韩菁清出身富裕人家，父亲韩惠安是富甲一方的商人，曾任湖北纱布丝麻四局总经理，汉口商会会长，湖北参议会议。这样的出身，让韩家人在布料上都成了行家，韩菁清从小就对布料如数家珍。在上海的时候，她曾派遣专车来接，让褚宏生给她们家里人做旗袍。韩菁清本名叫韩德容，菁清是她在上海做歌星时使用的艺名。由于人长得漂亮，无端惹下"祸端"。 1946年，上海举办了一场评选"上海小姐"的选美活动，韩菁清和文艺界的名伶言慧珠、"金嗓子"周璇等佳丽也参加了此次活动，不料韩

中国元素惊艳世界

T台上的旗袍

菁清被地痞流氓盯上，受到硝镪水泼面的威胁，在此危难时刻，著名女律师韩学章毅然出任韩菁清的法律顾问，为了造成舆论对地痞流氓的压力，公开登报指责此等无赖的行径。最终在1946年8月，韩菁清如愿当选上海"歌星皇后"。

解放后，韩菁清先去了香港，后来又去了台湾。1975年，韩菁菁成为著名作家梁实秋的第二任夫人，谱写了一段传奇的忘年恋曲。

为粟裕量身

在1949年5月27日，华东野战军攻克上海。10万大军进驻繁华的大都市。上海解放。这座城市，从此迎来新生。

是夜，为了不影响市场供应和金融秩序，解放军入城后，一律不允许在市区买东西，甚至部队吃的饭菜，也是在几十公里以外的郊区做好，再送到市区。时值江南梅雨季节，蒙蒙细雨中，疲惫至极的战士和衣抱枪，整夜睡卧在市区马路两侧，坚决不进屋扰民。此情此景，与之前随意凌辱居民的国民党军队形成极大反差。

细雨中睡马路的解放军，使无数上海市民感动至深。那一刻，即便是从不过问政治的市民也明白，国民党再也回不来了……

从事旗袍制作业的裁缝们，也随之迎来职业生涯的新篇章。如褚宏生曾见证的那样，华洋并处、五方杂居，兼容并蓄的海派文化影响了上海人的服饰衣着，西式裁剪结构与中式精细零部件装饰结合，形成"海派旗袍"特色。这种特色还能延续下去吗？

过去称王称霸上海滩的黑帮老大走了，曾经耀武耀威的达官贵人们也消失了，新的人民政府会善待底层的手工业者吗？等看到沿街入睡的士兵后，大家顿时信心满怀、充满期待。上海迎来和平后的新一天，又似乎和平常一样，在车水马龙的叮当声中、在主妇们买菜烧饭的声响中开始了。

褚宏生的生意，也在继续着。

有一次，褚宏生被要求去一个宾馆给一位特殊的客人量尺寸。带他去的人没有多说什么，只告诉褚宏生这是一位首长。

等到了宾馆一看，褚宏生没有想到，眼前的这位首长就是粟裕将军。

当时，粟裕不过也才42岁。1949年5月，他指挥上海战役，在上海外围歼敌主力8个军。之后先后兼任上海市军管会副主任、华东军政委员会副主席。1949年5月20日，粟裕为上海军事管制委员会副主任。8月2日，华东海军由粟裕指挥。

不过，看到褚宏生后，粟裕将军微笑着打招呼，一点官架子都没有。后来还经常邀请褚宏生去他家里拿布料做衣服。20世纪60年代正值三年

模特展示旗袍

自然灾害，有一次中午褚宏生应邀去粟裕家里拿料子，意外的是，粟裕还特意安排工作人员专门为他准备了一顿午饭，四五个可口的小菜让褚宏生至今难忘。褚宏生内心暗自忖度，原来，共产党的大官这么和善。

城市的历史，翻开新的篇章，城市中妇女的服饰，也即将发生变化。1960年代到1980年代初的一段时间，爱美的上海女青年和妇女们，纷纷穿上灰黑色的工装、列宁服，来店里做旗袍的客人变得少而又少。

但在褚宏生看来，旗袍依旧是世上最美、最能体现女性特质的服装，而且无论时光如何流转，旗袍永远不会过时。等到城市中，重新流行起旗袍的日子到来之际，褚宏生觉得，所有的日子，仿佛是在一瞬间过去的。

龙凤生涯

解放以前,上海成衣业营业兴盛,户数激增,最盛时多达6000家。解放初期,上海成衣业仍很兴旺,1950年底有会员5041家,非会员848家,共计5889家。成衣铺多数设在里弄中,很少有店面,全业资本总额约合19.92亿元(旧人民币)。

解放后,社会风气变化,穿中式服装的人日益减少,成衣业日趋衰落,或转业,或添置缝纫机改做解放装、列宁装。至1956年全行业公私合营时,归口上海市服装公司管理的有公私合营户101家,617人,摊贩317家,355人;归口上海市服装生产合作社联合社管理的有1200家,6832人。合计1618家,7804人。

1959年,商业部门为了继承和发扬民族传统缝制技术,根据公私合营规定,上海滩知名的"朱顺兴"与"范永兴""钱力昌""阎凤记""美昌"等成衣铺合并成立"上海龙凤中式服装店",店址在南京西路849号。1962年,工商分工,将服装生产合作社的中式服装门市部划归上海市服装用品工业公司领导。进入1990年代后,上海还有一家专营中式服装的特色商店——龙凤中式服装店和少数兼营中式服装的服装商店。1994年,"龙凤"被国内贸易部列为中华老字号商店。1996年,龙凤服装公司资产重组,并入国有企业上海开开(集团)有限公司。褚宏生也在新中国成立后不久,并入"龙凤旗袍"店担任裁缝师,后来成为龙凤旗袍制作技艺的第二代传人。

虽然在20世纪五六十年代,穿着中式衣服和旗袍的人数变少,但店里生意依旧热闹,鼎盛时期,龙凤旗袍在上海有三四家门店、近400名裁缝师傅,年销售额达千万元以上。龙凤旗袍,也始终保持前开店后作坊的格局,手工制作响当当的。龙凤的名头,上海无人不知无人不晓。

龙凤旗袍的客户中,老、中、青都有,有人是日常穿着,有人则是想穿着旗袍当新娘或是出席特别场合,还有的海外华侨回国时特意赶来量体裁衣,要留一件名牌旗袍"压箱底"。

订单多的时候,老师傅们持续几周加班加点,订单少时他们就自己研究裁剪,开发新工艺。裁缝师傅飞针走线之间,龙凤旗袍保留了镶、嵌、滚、宕、盘、绣等各种传统工艺——

"镶"是为了让整件旗袍的花型图案更加亮丽，把近似旗袍本身颜色的真丝绸缎裁剪成条状，镶在各接缝处，增加服装层次感；"嵌"主要起到颜色过渡的作用；"滚"则是沿袭旗服做法，用真丝绸缎在旗袍领口、袖口、下摆、四周边缘处进行手工缝制，使面料毛边不会外露；"宕"就是用反差性极强的真丝单色绸缎截剪成流线型或波浪型，缝制在领口下方至袖口上方胸口处，让旗袍富有张扬的感觉。老师傅还有"镂""雕"独门绝技，在丝绒面料上手工镂雕出龙凤、如意、花卉等图案，然后贴缝在旗袍袖、领、肩等部位。

过去，同行是冤家。但真的聚在一起，这些裁缝师傅不计前嫌，又都各自拿出绝活，暗地使劲，在龙凤里拼命展示自己的最佳水平，真的呈现出一派龙凤呈祥局面。

在新时期，龙凤对裁剪前期准备更为重视，要求裁缝师傅们在裁剪时要对面料材质有深刻认识，由于不同面料，质地、纹理不同，缩水标准有别，如果不注意，成品就可能走型；缝制过程中更有严格工艺标准，比如"寸金成九珠"，就是对手工缝制时针脚提出的要求，做滚边时针脚必须细而均匀，一寸长度里刚好九针；还有成衣后的熨烫也要达到锦上添花的效果，熨烫温度和力度必须视面料质地而定，每个接缝都必须烫平整……

改革开放后，中式服装特色得到继承和发扬。龙凤中式服装店的经营方式以前店后场、来料加工为主，还荟萃了一批技术精华，保持和发扬了镶、嵌、滚、宕等传统工艺特色，自行设计的旗袍、棉袄，做工精细、选料讲究，采用上等丝绸、织锦缎、立绒，穿着柔和轻巧，高雅大方，配上花卉、瓜果、飞禽、字体等各式铜丝盘花钮扣，显得华丽雅致。主要品种有：对襟、大襟、大圆襟、琵琶襟、直襟、偏门襟、连领脚的中式、中西式短袄，也有圆襟、直襟、单襟、双襟、斜襟、琵琶襟、旁开叉、后开叉、前开叉、单面开叉的连袖、装袖开肩旗袍，造型美观，线条明朗。龙凤中式服装店还吸取西式服装工艺，改革中式服装，融民族传统与现代潮流为一体，使产品既具中式服装的线条美，又有西式服装的造型美，适应了文艺界评弹演员、歌舞演员和国外友好人士、海外侨胞、台港澳同胞等的爱好和需要。1986年，龙凤牌中西式女棉袄、中式女棉袄被评为商业部优质产

褚宏生认为旗袍是世上最美、最能体现女性特质的服装

当旗袍变成时尚

品。1993年，龙凤牌旗袍被评为上海市优质产品。龙凤中式服装店1995年的销售额为256.43万元，实现利润25.21万元。

就像当年勤勤奋奋在"朱顺兴"做学徒那样，褚宏生又在"龙凤旗袍"兢兢业业做到了退休。20世纪60年代，刘少奇的夫人王光美出访东南亚某国，穿的就是褚宏生做的旗袍，从那之后，许多外使夫人便纷纷慕名而来。改革开放后，香港明星成龙的父亲是他们店里的常客；电影演员潘虹也很喜欢这里，还把陈道明介绍过来。

还有一次，电影演员巩俐想请褚宏生做一件旗袍，但本人因故没办法到上海，只让助理带来了一张全身照。他要褚师傅光靠目测给巩俐做衣服！在获取了相关资料数据以后，再结合巩俐本人的气质和材料偏好，褚宏生硬是做出了一件让巩俐感到非常合身的海派旗袍！

后来巩俐穿上了旗袍不禁啧啧称奇，就凭这一张照片，老先生做出的旗袍竟是十分合身！绝了！

中日恢复邦交后，褚宏生的旗袍在日本更受欢迎，艺人松井菜惠子和今井美树都是因为它们而经常往返于日本和上海之间。

到了20世纪70年代，有的裁缝制作旗袍开始使用拉链，有的则省去了手工做扣子的时间，制作时间大大加快。再后来，许多店铺开始用缝纫机给客人做旗袍，速度与以前相比，真是一日千里。但是，褚宏生却要求自己的徒弟们坚持手工制作。

"现在大家生活节奏都快，谁还有这种工夫，花十天半个月去做一件衣服啊！改良过的旗袍时兴中西合璧。新的倒是好学，不过，再要拾起老的东西……难喽！"褚宏生说。

"机器踩出来的衣服硬邦邦的，体现不出女性柔美的气质"，老裁缝拿一件旗袍比画着，"人手才能缝出圆润的感觉"，褚宏生说。

吴侬软语的声调里，此时此刻，含着不容质疑的坚持。

退休后再出山

褚宏生再次出山

褚师傅珍藏着一张1970年退休前老"龙凤"裁缝师傅们的合影，如今，照片上的身影或是飞赴海外，或已永远离开，如他这般身板硬朗并且在退休后还能坚持亲自动手的老师傅，已是凤毛麟角了。

在褚师傅的徒弟里，不乏中装店家的"顶梁柱"，可是，他们中最年轻的也年逾不惑，年长者则已60多岁，到了退休年龄。当老一辈的旗袍师傅们青春不再，谁来再延续旗袍的花样年华？

那个时候，褚宏生一直喃喃自语："传统技艺不要断在我们这辈人手里。"他想的，是把手艺传承下去，就像18岁的那个早晨，师傅把他叫进屋里，把老皮尺挂在他脖子上那样，褚宏生想把海派旗袍的手艺以及承载在那段岁月中的文化，一起传承下去。

80岁高龄时候，褚宏生再次出山了，到一家手工旗袍定制公司"瀚艺HANART"服饰去上班，继续挥尺弄剪。和他一起工作的人们记得，那个时候：他耐心地为一起工作的年轻人讲述旗袍的制作过程，一针一线都亲自教导毫不懈怠。每一次出现在店里，他总是将头发梳得一丝不苟；一件灰色绸子衬衫，小立领笔挺，老式鳄鱼扣皮带，裤子在前一天熨烫得笔直。瘦小的身子，散发着精干不屈的气息，那时凡是见过的他人，无不为老人的精神风貌所震撼：这体现了一个老匠人对人、对手艺、对旗袍的尊重。

经历过近30年不穿旗袍的日子，现在年轻人们对旗袍到底有些生疏，大家总喜欢拉着褚宏生问长问短，想一探究竟，过去的日子、过去的女人、过去的旗袍到底好在哪里？

褚宏生心里有一本账，他说在他心里，有一个标准的旗袍模特儿——"身高在1米6到1米65之间，上半身一定不能比下半身短，最重要的是三围一定要很清楚，千万别太瘦，旗袍是体现女性曲线和丰腴的，不是以瘦为美的东西……还有……做旗袍和穿旗袍格外注重3个点：胸、腰，以及行内称为'浪腰'的后腰最细处。提高腰线，可以掩饰女人最恨的小肚子，降低一些，则能把那些天生很'S'的女人勾勒得更为玲珑。料子薄，臀围要略紧一紧，厚重的织锦缎，要略微留些空隙。"

媒体曾这样评论：要知道自己的身材真正好不好，穿旗袍就是终极考试。一种说法是，上海人讲女孩生得美，叫做"卖相好"，而看一个女人"卖相"好不好，就要看她穿上旗袍的样子。"要紧的还是你真正喜欢不喜欢旗袍，喜欢不喜欢这种手工编制的另一层皮肤。"褚宏生这样说过。

量身的老人

昔日，一起进"朱顺兴"时，学徒四五十人。

当年，一起从龙凤退休时，还有同龄人10余人。

但人生七十古来稀，等过了90岁生日，褚宏生就是上海还健在的，见证过旗袍旧日风华的唯一一个人了。这"物以稀为贵"也让他有了名字。来采访他的人一传十十传百，渐渐变得络绎不绝。而褚宏生总是坐在店堂一堆华美的旗袍和衣料中间，客客气气又和蔼有加地一遍遍讲述他的故事。

他的故事，也就是旗袍的故事。是一个匠人一生一心一意做好旗袍的故事。在他看来，讲述本身，也是一种传播文化。让更多的人，通过媒体，了解海派旗袍的魅力。

褚宏生的太太和儿子都已经过世，孙子在做驾驶员，3个孙女有的做教师，有的是公司职员……重孙女又刚刚考上南京大学。后代中，没有人选择褚宏生引以为傲的旗袍定制行业，据说是"都没有兴趣劳心劳力地钻研这门太过细致的手艺活"———但褚宏生并不寂寞，放眼全市乃至全球，还有无数人喜爱海派旗袍、愿意远道而来，就听他讲一讲昔日的花样年华。

93岁的时候，褚宏生接受了一次采访，他对来找他的记者说，自己并不认可外界加诸他头上的"旗袍大师"的称呼。

"我就是个做旗袍的，现在连旗袍都做不了了，就只能帮别人量身，我不辛苦，不忐忑，不亏欠我的这77年，这就是我最好的人生状态……"

在人生最后的日子里，每天早上10点半到晚上7点，褚宏生都会在店里，从没有礼拜天的概念。

不能再亲自裁剪衣服了，褚宏生就继续坚持量身。这看似简单的一量，却是旗袍制作中至关重要的一环，也是褚宏生一辈子练就的手艺。量身时，只见他利索地把皮尺从自己脖子上拽下来，把皮尺服帖地在顾客的脖子上轻轻一揽，绕了一圈，接口处，伸入食指留出些许空隙，又稍稍往外一滑，不多不少正好8分。别小看这一揽一滑，这一绕一滑，略有差池，旗袍硬硬的高领就会让人为美丽而受罪。"身长4尺1寸，从肩到胸是7寸2

分, 肩膀到腰的话是1尺2分……" 20分钟不到, 褚师傅就利索地把十几个数字 "刻" 进了大脑, 没用一纸一笔却报得分毫不差。

没有客人的时候, 他常腰板笔直地坐在一把木椅上一言不发, 有时也耷拉着脑袋打个小盹。可只要有客人进门, 他便条件反射般 "噌" 地站起来, 笑呵呵地迎上前。

2010年, 即将来沪举办演唱会的台湾艺人孟庭苇, 指名道姓要穿上海滩第一旗袍名家之称的褚宏生老先生设计的旗袍。为打造这套旗袍, 孟庭苇还亲自拜访了褚宏生。在演唱会现场, 当孟庭苇穿上褚宏生设计的 "有凤来仪" 旗袍后, 玲珑有致的身材在舞台上令人瞩目, 真是多一分嫌长, 短一份嫌短, 一切都是恰到好处的。

孟庭苇则把褚老先生请到了舞台上, 去现场讲解这旗袍的奥秘。12月18日, 面对上海大舞台的万千观众, 褚老先生娓娓道来说: " '有凤来仪' 语出《尚书》, 指美妙动听的音乐把凤凰都引来了, 与孟女士的美妙歌喉非常相衬。 "

在这里, 一件普通的旗袍手工制作需要半个月, 带绣花的则至少需要3个月, 旗袍店上次接了个单子, 要做一件龙袍, 由于绣花的部分实在太多, 又要按照传统方式手工绣制, 整整花了师傅们两年多的时间。这是褚宏生熟悉的细致、耐心和精益求精。一如当年师傅叮嘱他那样 "做裁缝, 不要心急, 才能比别人做得更好。"

一次, 一位新加坡太太到店里, 正好抱着10多件旗袍进来要改, 希望师傅们根据客人身材的变化可以随时对旗袍进行手工修改。旗袍最讲究 "可身", 多一分则肥, 少一分则窄。做一件旗袍, 需要量衣长、袖长、前腰部、后腰部等26个尺寸, 这是传统海派旗袍的正统做法。只见褚宏生眼不花、手不抖, 皮尺在客人身上上下翻飞, 不一会儿, 整套数据一应俱全, 他退后一步, 收齐皮尺, 眯起眼睛, 脑海里已勾画出成衣的模样。

登上美国舞台

晚年，褚宏生还系统梳理了海派旗袍的文化，为旗袍制作工艺制定的流程包括：选料、量身、设计、制版、剪裁、试样、缝制、盘扣和整烫及12字秘诀：镶、嵌、滚、宕、烫、钉、绣、绘、刻、镂、雕、盘，为上海旗袍在国际时尚界奠定了工艺的基础。

2010年，褚宏生所在的瀚艺HANART被上海市服饰学会专家委员会认定为"首届上海旗袍高级定制企业"，并连续荣获第二届、第三届上海市服饰学会"上海旗袍高级定制企业"称号。2012年10月由上海服饰学会主办，瀚艺HANART协助，在上海美术馆举办《瀚艺HANARTHANART——百年旗袍文献展》。2015年瀚艺HANART受邀在北京中华世纪坛举办了"百年旗袍与新中装"新品发布会及展览。同年4月，瀚艺HANART参加首季上海高级定制周"上海传奇"专场发布会。

褚宏生人生中的又一次高潮，在人生的尽头不期而至。

2015年，外滩22号，98岁的褚宏生办了自己第一个旗袍高定秀。这场"中国式"诱惑，被誉为是"褚宏生八十年来用针脚谱写的花样年华"。

2015年5月，纽约大都会艺术博物馆为亚洲艺术馆成立100周年举办，并作为美国纽约大都会博物馆慈善舞会的活动之一，"中国：镜花水月"大展特设专馆来展示中国旗袍之美，一众好莱坞明星盛装演绎中国风情，大牌设计师们展出中国元素作品。与这些西方人眼中的"中国风"济济一堂的，有两套来自中国的白色蕾丝旗袍，80年前的精致剪裁和精致蕾丝，虽没有鲜艳夺目的色彩，却有一种动人心魄的优雅。

主办方不但将两件旗袍置于显著位置，更是展示出当年的画报资料为那段辉煌的往事作了历史性注脚。同年在上海举办的高定周中，褚宏生监督制作的系列作品，更呈现了历经百年"上海裁缝"的非凡品位与精湛工艺。

其中，那件白色蕾丝旗袍，正是褚宏生当年为电影皇后胡蝶所制的旧作，他在98岁高龄，将此作为海派旗袍的代表，在世界顶尖时尚舞台上演绎中国旗袍的魅力。

彼时，他作为苏州来的小裁缝，与名震上海滩的电影皇后相逢，胡蝶穿着家常旗袍，素面而来，梨涡浅笑，惊艳了岁月，温柔了时光。佳人一笑可倾城。虽然斯人已去，但盛放过如此美丽生命的旗袍，却依然留在人世，似乎在讲述着馥郁芳香的灵魂，曾有过多么跌宕起伏的命运。

　　海派旗袍所展示的东方美，兼具神秘和魅力。其中，那种东方特有的审美趣味、中国文化的内敛和克制，在旗袍上体现得淋漓尽致。与西方的袒胸露背的开放式礼服不同，旗袍不暴露，却尽显女性的曲线美。这一次，让世界惊叹。

《上海裁缝》
一书首发

褚宏生与张丽丽（右）

图书在版编目（CIP）数据

美丽传说:海派旗袍文化名人堂首批入选名人纪实/
上海海派旗袍文化促进会编.—上海:上海人民出版社,
2017
ISBN 978 - 7 - 208 - 14613 - 6

Ⅰ.①美… Ⅱ.①上… Ⅲ.①旗袍-文化-上海
Ⅳ.①TS941.717.8

中国版本图书馆 CIP 数据核字（2017）第 166991 号

责任编辑　舒光浩　陈佳妮
装帧设计　柳友娟

美 丽 传 说

——海派旗袍文化名人堂首批入选名人纪实
上海海派旗袍文化促进会 编
世 纪 出 版 集 团
上海人民出版社出版
（200001　上海福建中路193号　www.ewen.co）
世纪出版集团发行中心发行
上海中华印刷有限公司印刷
开本787×1092　1/16　印张8.5　插页4　字数116,000
2017年8月第1版　2017年8月第1次印刷
ISBN 978 - 7 - 208 - 14613 - 6/K·2658
定价 85.00 元